森林报

秋冬

【苏联】维塔利·瓦连京诺维奇·比安基／著

艾绘荣　贺俞博雅／译

江苏凤凰文艺出版社
JIANGSU PHOENIX LITERATURE AND ART PUBLISHING, LTD

图书在版编目（CIP）数据

森林报. 秋冬 /（苏）维塔利·瓦连京诺维奇·比安基著；艾绘荣，贺俞博雅译. — 南京：江苏凤凰文艺出版社，2017.11
ISBN 978-7-5594-0786-3

Ⅰ. ①森… Ⅱ. ①维… ②艾… ③贺… Ⅲ. ①森林—少年读物 Ⅳ. ① S7-49

中国版本图书馆 CIP 数据核字（2017）第 155827 号

书　　名	森林报·秋冬
著　　者	（苏）维塔利·瓦连京诺维奇·比安基
译　　者	艾绘荣　贺俞博雅
责任编辑	邹晓燕　黄孝阳
出版发行	江苏凤凰文艺出版社
出版社地址	南京市中央路 165 号，邮编：210009
出版社网址	http：//www.jswenyi.com
印　　刷	三河市华东印刷有限公司
开　　本	880 × 1230 毫米　1/32
印　　张	7.125
字　　数	185 千字
版　　次	2017 年 11 月第 1 版　　2020 年 1 月第 2 次印刷
标准书号	ISBN 978-7-5594-0786-3
定　　价	24.00 元

目录

CONTENTS

秋·第一期

候鸟离乡之月

9月21日—10月20日

太阳落入天秤座

一年是一部分成十二个月的太阳诗篇

森林脱去夏装

九月，乌云蔽空，狂风呼啸，天气越来越阴沉，风不断在耳边啸叫。秋季的第一个月已经渐渐向我们走近。

和春天一样，秋天也有自己的工作安排，只不过秋天的工作安排与春天的恰恰相反。秋天的工作安排是从空中开始的。高高的树冠上，叶子渐渐变黄，然后变红，最后变成了褐色。秋日的阳光已无法让它们获得充足的光照，它们只好快速地卸去了自己的绿装，日渐枯萎老去。树枝的叶柄处，出现了一个发蔫的环带。树叶一片片飘落，甚至在完全无风的平静的日子里也会如此。这里，黄色的白桦树叶忽地落下；那里，红色的山杨树叶轻轻飘落。树叶在空中摇晃旋转，无声地滑落到地面。

你在清晨醒来，第一次看见青草上的白霜，于是，在自己的日记中写道："秋天来了。"从这一天起，更准确地说，是从这一天的夜间起，秋天真正来临了。因为，头一次下霜都是在清晨前。从这以后，飘落的枯叶越来越多了，直至刮起东南风，这秋叶的宿敌——将会把森林华丽的夏装整个儿吹卷得无影无踪。

雨燕飞走了。家燕和其他在我们这儿度夏的候鸟聚集成群，在夜里，静悄悄地，开启了遥远的旅程，天空中越发空荡荡了……

水越来越冰凉，人们愈加不愿意到河里洗澡了……

突然间，似乎为纪念那火热的夏日，天又放晴了，温暖、晴朗、无风的日子又回来了。一根根长长的蛛丝在宁静的空中飞荡，闪耀着银色的光芒……田野间的新绿欢乐地闪着柔嫩的光泽。

“夏天还舍不得走呢!”村民们笑着说，欣慰地看着生机勃勃的秋播地。

森林里，大家都在为漫长冬季的来临做着准备。所有承载着未来希望的生命都被掩藏起来，放置在暖和的地方。一切对新生命的关怀都终止了，要等到来年春天才会再现。

只有兔子们还无法安下心，它们不愿意夏天过去，所以又生下了兔宝宝！这些兔宝宝又被称为“落叶兔”。

这时蜜环菌长出来了，柄儿细长。

夏天过去了。

候鸟离乡的月份来临了。

又像春天一样，一封封电报从森林里给我们的编辑部发来了。时刻有新消息，每天有大事件！鸟儿又像回乡时那样，开始大迁居——只是这次是从北方往南方搬迁。

就这样，秋天开始了。

来自森林的电报

（由我们的记者发出）

开始新的旅程

不知从什么时候开始，所有身披艳丽彩服的爱唱歌的鸟儿都不见了。我们没有看见它们离开森林、开始新的旅程的场景，因为它们是在夜半时分飞走的。

许多鸟儿喜欢在夜间出发，这样安全些。因为在黑夜里，隼啊，鹰啊，以及其他不同种类的猛禽是不会袭击候鸟的，它们无法像候鸟那样去清晰辨别南行的路线；而在白天，这些可怕的猛禽将会在半路上拦截它们！

在一望无际的大海上，一群群水鸟出现了，有野鸭、潜鸭、雁、鹬等等。这些有翅膀的旅行家在春天休息过的地方停留休憩。

森林里的树叶渐渐变黄，兔妈妈又生了六只兔宝宝。这是兔妈妈在今年的最后一次产崽儿，那些兔宝宝我们又叫做“落叶兔”。

在长满厚厚绿苔的河岸边，有人在夜间玩打叉画圈的游戏，所有绿苔上布满叉和圈。我们在岸边修建了一个窝棚，想看看到底是谁这样淘气！

林中大事记

临别曲

白桦树上的叶子已经非常稀疏了。光秃秃的树干上，早已被主人们丢弃的椋鸟窝在风中孤单地摇曳着。

突然，不知怎么了，两只椋鸟飞了回来。母椋鸟钻进窝里，认真地忙碌着什么；公椋鸟落在枝头，站立了一会儿，向四周张望着……然后唱起了歌儿！但是唱得很轻声，似乎是唱给自己听的。

随后，公椋鸟停止歌唱，母椋鸟从窝里飞了出来，公椋鸟跟在母椋鸟的后面，慌慌张张地飞向鸟群。是时候了，是时候了，不是今天，就是明天，它们要开始遥远的旅程了。

它们与自己的小窝告别，夏天，正是在这个小窝里，它们孵化出自己的孩子。它们是不会忘记这里的，明年春天，它们还会回来这里居住。

来自少年自然界研究员的日记

清新的早晨

9 月 15 日——秋暑（又称“秋老虎”）。

我像往常那样，一大清早就跑到园子里去。

我走到外面，只见晴空万里，一碧如洗，空中微微有些凉意，树木、灌木丛和草地上挂满了闪着银光的蜘蛛网，那是薄薄的蜘蛛网上缀着的细小露珠在不断闪光。在每张蜘蛛网的中央，都有一只蜘蛛在守着。

有一只蜘蛛把自己银色的网布置在两棵小云杉的树枝间。这张网在秋露的映衬下，如一片水晶玻璃般，仿佛轻轻一碰就会咔嚓咔嚓碎裂。蜘蛛蜷缩成一个小球，僵硬着，一动也不动。苍蝇这时还没有飞来，它便抓紧时间小憩一会儿。又或者，它难道已经冻死了？

我用小拇指小心地触碰了一下它，它毫无抵抗，像一颗小石子掉落在地上。但它一落到草地上，便立刻伸展开来，飞快跑走，躲藏起来了。

这只蜘蛛骗子！

不过，令我感兴趣的是，这只蜘蛛还会回到自己原先的蛛网上吗？它还能找到那张蛛网吗？抑或是重新再去织张新网？要知道，重新织一张网多难啊，得来来回回跑多少次，需要打多少结，绕多少圈！多费神啊！

露珠在小草的尖角上摇晃着，像是长长睫毛上的一滴泪珠。露珠里带着闪光，映透出喜悦的光彩。

路旁的最后几朵洋甘菊，垂下了自己白色的花瓣裙，等待着太阳来给它们温暖。

像玻璃般晶莹纯净的空气里夹杂些寒意，一切都显得那样美好、光艳、愉快：色彩斑斓的树叶，被露珠和蜘蛛网染成银色的青草，还有在夏天从没有过的纯蓝纯蓝的小溪流。而我所能找到的最不美丽的东西是：潮湿的粘在一块儿的蒲公英有一半破碎了，还有可能是被鸟喙伤害了的、身体破损的、毛茸茸的、没有色彩的灰暗的夜蛾。想想看，夏天的时候，蒲公英是怎样身披华丽的服饰，带着成千上万只小小降落伞从你头上飞过！而毛茸茸的飞蛾有着怎样光滑干燥的头部啊！

我感到惋惜，把飞蛾放在蒲公英上，久久地将它们放在手心里，让它们接近早已出现在森林上方的阳光。它们两个——花儿和飞蛾——冰冷、潮湿、微微有些生气，在阳光的照射下，渐渐复苏过来。顶端聚结着的灰色的小降落伞慢慢变干、变白、变轻，然后在风中飘荡起来。飞蛾的翅膀从里面燃起希望，变成了柔软的烟灰色。可怜的小畸形儿变得光彩四射!

在森林附近的某个地方，一只黑琴鸡正低声嘟哝着。

我向灌木丛中走去，想从灌木丛后偷偷靠近黑琴鸡，看看它在秋天里回忆起春天嬉戏的欢乐时，是怎样默默地“秋芙、秋芙”地嘟囔着。

我刚走到灌木丛前，那黑色的琴鸡就“扑”的一声从我脚下飞了起来，那突然而来的巨响让我禁不住颤抖了一下。

原来它就在我的旁边，我还以为它离我很远呢!

正在这时，阵阵喇叭似的鹤唳声从远处传来——一群鹤从树林的上方飞向云霄。

它们离我们越来越远……

森林通讯员　维里卡

水上漫游

草地上，枯萎的草叶耷拉着脑袋垂向地面。

著名的竞走运动员——长脚秧鸡，已经踏上遥远的旅途。

在一望无际的海上飞行线路上，出现了一群矶凫和绵凫，它们时不时潜入水中捕食鱼类。

它们很少展开翅膀飞翔，只是这样游着游着，游过湖泊和海湾。

它们不需要像鸭子那样，得先在水面上抬起身子，才能扎进水中。它们的身体是如此精妙，只要把头低下，用力划动脚蹼，就钻到水的深处了。矶凫和绵凫在水下是多么自在啊，仿佛是在家里一样。任何一种长翅膀的猛禽都无法在水下追上它们。它们游得如此迅速，连鱼儿都追不上。而若是比飞行速度，它们就比那些飞速的猛禽差远了。

那它们为什么还要承担着风险，飞过这漫长的征途呢？因此，只要条件允许，它们便会选择在水上漫游的方式来完成自己的旅途。

林中巨人的战斗

在傍晚的霞光中，森林里传来低沉而短促的吼叫声。从浓密的森林中，林中巨人——那些犄角高耸的大公驼鹿走了出来。它们用那仿佛发自内脏深处的吼叫声，向对手发起挑战。

巨人们在林中空地上相遇了。它们不断用蹄子刨土，炫耀着自己笨重的犄角。它们的眼里布满血丝，怒气已经燃烧起来了。它们低下长着犄角的脑袋，互相撞击，发出咔嚓咔嚓的声响，它们的犄角钩缠在一起，用巨大的身躯猛烈地撞击对方，拼命想扭断对手的脖子。

它们一会儿分开，站立在两侧对峙，一会儿又激烈地打斗。时而把前身伏到地面，时而又用后腿站立起来，用犄角狠狠地对撞。

当沉重的犄角相互撞击时，撞击声和轰鸣声响彻了整个森林。难怪有人把公驼鹿叫做犁角兽：它们的犄角又宽又大，像犁一样。

被打败了的公驼鹿，有的急急忙忙地从战场上逃走，有的被可怕的大犄角撞断脖子，流出鲜血，被获胜的公驼鹿用矫健的蹄子踢死。

于是，震耳欲聋的吼声再次传遍了整个森林，那是犁角兽在吹响胜利的号角！

在森林的深处，一只没有犄角的母驼鹿在等它。公驼鹿成为了这方土地的主人。

胜利者不允许其他任何一头公驼鹿步入它的领地，连年轻的小驼鹿也不容许，一旦发现，就立刻把它们驱赶出去。

它那低沉的吼声，如雷霆一般，传到了很远很远的地方。

最后的浆果

沼泽地上，那些长在泥炭墩子上的蔓越橘成熟了，远远就可以看见躺在青苔上的浆果。可是它们是生长在什么东西上面呢？无法看清。只有走近些，才发现，在青苔软软的“垫子”上，一些像丝线一样纤细的小茎蔓延着，茎的两旁生长着一些新鲜硬挺的泛着光的小叶片。

原来，这是一整棵小灌木！

尼·帕夫洛娃

祝你们一路顺风

每一天，每一晚，都会有一批批长着羽翼的旅行家踏上行程。它们不慌不忙，不发出一点儿声音，向着要去的方向，时而飞行，时而停歇，这可和它们春天飞来时不大一样呢！看得出，它们都不愿意离开自己的故乡！

离开的次序和来时恰好相反，最先飞走的是那些色彩绚丽的鸟儿，最后动身的是春天最先飞来的：燕雀、百灵鸟、海鸥等等。在很多鸟类中，年轻的鸟儿先飞走。母燕雀比公燕雀先飞走。那些体力强壮、吃苦耐劳的鸟儿会推迟离开。

大多数鸟儿直接向南飞去，飞往法国、意大利、西班牙、地中海、非洲。有一些鸟儿是向东飞，经过乌拉尔、西伯利亚，飞到印度去。还有些鸟儿甚至飞到美国去。几千公里的旅程，对它们来说已是轻车熟路。

等待帮手

高大的乔木、低矮的灌木和青草，都在急急忙忙地安顿着自己的后代。

从槭树树枝上垂挂下一对对翅果。它们已经裂开了，只等风儿一吹，将它们摘下、带走，播种开来。

等待秋风的还有草本类植物：在蓟草长长的茎上，从干燥的花盘中伸出了一串串松软的、长着蚕丝般浅灰色茸毛的花穗；香蒲长得比沼泽地里的草还要高，它的梢头穿起了褐色的小皮袄；山柳菊毛茸茸的小球也已经做好准备，期待着在晴朗的日子里随微风飞散。

还有其他种类的草儿，果实上长着或长或短的茸毛，有的普通，有的像羽毛一样。

在收过庄稼的田地里，在道路两边和排水沟旁，植物们等待的不再是风，而是四条腿的动物和两条腿的人。在牛蒡带刺儿的花盘里装满了有棱角的种子；果实是黑色三角形的鬼针草最爱戳穿行人的袜子；还有带钩刺儿的拉拉藤，它的果实圆而小，喜欢死死钩住人的衣衫不放，只有用一小块毛巾来擦，才能把它擦掉。

尼·帕夫洛娃

秋天的蘑菇

森林里是一片凄凉的景象，树叶全落光了，潮湿的落叶散发出阵阵腐烂的气息。唯一能让人开心的就是蜜环菌了。它们有的成堆地生长在树墩上，有的爬上了树干，还有的分散在地上，似乎是有意离开大伙儿，在这里独自徘徊。

这大块儿大块儿的蘑菇看起来真让人高兴，采集起来也叫人觉得痛快！只需要几分钟，就可以采来一小篮，而且还是光采菇帽，只选鲜嫩的呢！

小蜜环菌的样子非常好看，它们的小帽子绷得紧紧的，像是孩子头上的无檐小帽，下面围着一条白色的小围巾。再过个几天，小帽子就会翘起来，变成一顶真正的帽子，小围巾也会变成一条领子。

整个帽子上都是烟丝儿般的小鳞片。它是什么颜色的呢？这很难确切地说出，反正是一种让人看了舒服的、宁静的淡褐色。小蜜环菌的蘑菇帽下方的菌褶仍是白色的，老蜜环菌的菌褶有些发黄。

你们注意过吗？当老蘑菇的蘑菇帽盖到小蘑菇的蘑菇帽上去时，小蘑菇帽上就好像扑了一层粉。你会觉得："它们是发霉了吗？"可是随后就会想起："这是孢子啊！"这是从老蘑菇帽上撒落下来的孢子。

如果你想吃蜜环菌，你就得熟知它们所有的特征。在市场上，把毒蘑菇当成蜜环菌是很常见的事情。有些毒蘑菇和蜜环菌长得很像，也生长在树墩上。但是在这些毒蘑菇的蘑菇帽下没有"领子"，蘑菇帽上也没有鳞片。蘑菇帽的颜色鲜艳异常，有黄色的，有淡红色的；菌褶或是黄色，或是淡绿色；而孢子是黑色的。

尼·帕夫洛娃

来自森林的电报

（由我们的记者发出）

鹬鸟去哪儿过冬了

我们偷偷地观察，究竟是谁在海湾沿岸的厚厚的绿苔上印上了小十字和小点子。

原来是鹬鸟！

遍布淤泥的小海湾，是鹬鸟们的小饭店。它们有时会在这儿停留休息，吃点东西。它们迈着长长的腿在柔软的淤泥地上走来走去，留下一长串三个脚趾分得很开的爪印。那些淤泥里的小点子，是它们把长长的喙插入淤泥里寻找小虫子当早餐时留下的。

我们捉到了一只鹬，它在我们家屋顶上住了整整一个夏天。我们在它的脚上套了一个轻便的铝制金属环。环上刻了这样一行字：Moskwa，Ornitolog，Komitet A，No. 195（莫斯科，鸟类研究委员会，A组，第195号）。然后，我们把这只鹬放飞，让它带着脚环飞走。如果有人在它将要过冬的地方捉住它，我们就会从报纸上得知我们的鹬过冬的住所在哪里。

森林里的树叶完全变了颜色，簌簌地往下掉落。

城市新闻

野蛮的袭击

在列宁格勒的伊萨基辅广场上，青天白日下，一出野蛮的袭击在行人面前上演了。

一群白鸽刚从广场上飞起，一只巨大的隼便从伊萨基辅大教堂的圆形屋顶上飞下，直扑最边上的那只鸽子。一瞬间，鸽毛在空中乱舞。

行人们看见，那群受到惊吓的鸽子都在慌忙中躲到一个大房子的屋顶下面，而那只大隼用爪子紧紧抓着死去的鸽子，吃力地飞回到大教堂的圆顶上去了。

大隼的飞行之路正好通过我们城市的上空。猛禽们喜欢将自己的巢穴建在教堂的圆形屋顶和钟楼上，因为那里居高临下，观察猎物很是方便。

夜间骚动

在城郊，几乎每天夜里都能听见骚动的声音。

听见院子里乱哄哄的声音，人们从床上跳起来，把头伸出窗外张望。怎么了？出什么事情了？

在下面的院子里，家禽们大声地扑闪着翅膀，鹅群咯咯地叫唤着，鸭子们嘎嘎地吵闹着。是黄鼠狼来咬它们了吗？还是狐狸钻到了院子里？

但是围墙是用石头垒砌的，家禽圈栏的门是用生铁铸成的，狐狸和黄鼠狼怎么可能钻进去呢？

主人巡查了院子和家禽圈栏，一切都是老样子。没有任何异常，谁也无法穿过这上着坚固的锁和门闩的大门。也许，只是家禽做了噩梦吧！而且现在它们已经安静下来了。

人们躺倒在床上，放心地睡着了。

可是，一个小时后，又传来咯咯、嘎嘎的声响。又是一片惊慌骚动！怎么回事儿？那里又怎么了？

打开窗户，躲起来，仔细听着。黑色的夜空中，星星闪耀着金色的光芒。四周一片寂静。

但是，快看，一个模糊的影子从上面飞了过去，它们秩序井然地排成长队，把天上的星星都遮蔽了。一阵轻轻的、断断续续的啁啾声传入耳中。声音越来越远，高高的夜空中，只听闻一片模糊不清的声音。

院里的鹅鸭都醒了过来，这些家禽早已忘记了鸟儿自由翱翔的滋味，在这会儿却伴着莫名的兴奋，想要展翅飞翔。它们踮起脚掌，伸长了脖子，叫呀，嚷呀，可是在这叫嚷声里却充满了悲伤和忧郁。

它们那些自由而狂野的姐妹们，在高高的夜空中，用召唤声回应着它们。在石头房子和铁屋顶的上方，一群群长着翅膀的朝圣者们飞速而过。野鸭的翅膀发出扑扑声，野生的大雁和雪雁用低沉的喉音相互应和着。

“咯！咯！咯！上路吧！上路吧！远离饥饿和寒冷！上路吧！上路吧！”

候鸟们响亮的召唤声渐渐远去，直至完全消逝。而那些早已忘记飞翔的鹅鸭们，却还在石头垒砌的院子的阴暗处叫嚷着。

来自森林的电报

（由我们的记者发出）

森林里听不到鸟儿的歌声

早晨的寒气突袭大地。

一些灌木丛像是被刀削斧砍一般，树叶如落雨似的纷纷飘落。

蝴蝶、苍蝇和甲虫都各自寻觅躲藏之处。

那些会鸣叫的候鸟，匆匆飞过一片片小树林：它们已经感觉到饥饿了。

只有鸫鸟不抱怨肚子饿，它们成群结队地扑向熟透了的花楸果。

寒风在光秃秃的树林里呼啸着，树木都沉沉睡去了，森林里再也听不到鸟儿的歌声了。

森林要闻

卡尔贝什（原仓鼠）

我们在挑土豆，忽然，在我们的牲畜栏里，有个什么东西在“沙沙”地蠕动着。一只狗跑了过来，在发出声响的地方蹲下，仔细用鼻子闻着。可是那个小东西还是在地上钻来钻去，就是不出来。狗开始用爪子刨起来，一边刨，一边“汪汪”地叫唤，因为那只小兽正朝它钻来。狗挖出了一个小坑，只能稍微看到一点儿小兽的头部。于是狗挖得更加卖力，终于挖了一个大坑，把小兽拖了出来，但是小兽使劲儿咬了它一口。

于是狗把小兽甩到了身后，狂吠起来。这只小兽，体型和小猫差不多大小，毛色灰蓝，略有些黄色、黑色和白色的杂毛，我们给它取了个名字叫“卡尔贝什”，就是原仓鼠。

森林通讯员　巴拉索娃·玛利亚

把采蘑菇的事情忘记了

九月，我和同学们一起去森林里采蘑菇。在那儿，我吓跑了四只花尾榛鸡。它们的羽毛是灰色的，颈脖子很短。

后来，我看见了一条死蛇，它已经干了，挂在树墩上。树墩上有个小洞，洞里不时传来“嗞嗞”的声音。我想那里应该是个蛇洞，就赶忙从那里跑开了。

随后，当我快走到沼泽地的时候，我看见了一群从没见过的东西：七只鹤像七只绵羊一样，从沼泽地上慢慢升了起来。在这之前，我只在学校的图书上看到过这种鹤。

大伙儿每个人都采满了一篮子的蘑菇，而我却一直在林子里瞎转悠。到处都有鸟儿在飞翔，到处都是叽叽喳喳的鸟鸣声。

在我们回家的时候，一只兔子从路上跑过，它周身都是灰色的，只有脖子和后腿处是白色的。

经过那个有蛇窝的树墩时，我特地从旁边绕了过去。我们还看见了许多大雁，它们大声鸣叫着，飞过了我们的村庄。

森林通讯员　别佐梅内依

喜鹊

春天，村里的孩子捣毁了一个喜鹊窝，我从他们那里买了一只小喜鹊。只过了一昼夜，它就开始听话了。第二天，它已经可以在我的手掌上吃东西、喝水了。我们给它取了个名字，叫“魔法师”。它习惯听我们这样叫它，只要我们一叫它，它就立刻做出反应。

在翅膀长好之后，它喜欢飞到门上站着。门对面的厨房里有一张桌子，桌子有一个抽屉，抽屉里放着些食物。有时候，我们打开抽屉，喜鹊就立刻从门上飞下来钻到里面去，匆忙地吃着里面的东西。而当你试图拖出它的时候，它便会叫唤着，不愿意离开。

去打水的时候，我只需一声呼唤：“魔法师，和我一块儿去!”它就飞落在我的肩膀上，和我一起走了。

我们喝茶的时候，“魔法师”总会第一个忙活起来：又是抓糖，又是抓面包，有时候还把爪子伸到滚烫的牛奶里去。

最可笑的是，曾经有一次，我去菜园里为胡萝卜地锄草，“魔法师”蹲在小畦上瞧着我干活儿。然后它竟然也学着我的样子拔起小畦的草来，把一根根草拔起来，放到一堆儿。它在帮我干活儿呢!只是它弄不清应该拔什么，把杂草和胡萝卜一起拔了出来，这是给我帮倒忙啊!

森林通讯员　维拉·弥赫叶娃

藏起来

天气一天天变冷了，变冷了！

美丽的夏季过去了……

血液都变凉了，动作也变得不灵活了，总是忍不住犯困。

长着长尾巴的蝾螈在池塘里住了整个夏天，一次都没出来过。现在，它爬上了岸，慢慢来到了森林。然后找了一个腐烂的树墩，穿过树皮，钻到树里，蜷缩着身体睡着了。

青蛙和蝾螈正好相反，它们从岸上跳进池塘，沉到池塘底部，钻到淤泥深处。蛇和蜥蜴躲到树根下，身上披起了暖暖的青苔。成群的鱼儿游到水池的深坑中，冬眠去了。

蝴蝶、苍蝇、蚊子、甲虫这些小家伙，都钻到树皮和墙壁的孔洞和缝隙间藏了起来。蚂蚁小兵们封锁了它们城市里所有进出的大门。它们爬到城市的最深处，紧紧地挤成一团，僵硬在那里，一动不动地睡着了。

要挨饿了，要挨饿了！

对于那些热血动物，野兽啊，鸟类啊，寒冷并不是那么可怕。只要有东西吃，身体就会像生了火炉一样暖和，但伴随寒冷而来的便是饥饿。

蝙蝠吃不到蝴蝶、苍蝇、蚊子了，它们只好躲在树洞里、石穴里、岩缝里，还有阁楼顶上。它们倒挂着，用后脚抓住某个东西，缩起了斗篷似的翅膀，睡着了。

青蛙、癞蛤蟆、蜥蜴、蛇、蜗牛都躲起来了。刺猬躲在树根下的草窝里，獾也藏在洞穴里，不出来了。

候鸟飞往过冬地

从天空中俯视秋天

从天上看看我们这一望无际的国土吧。秋天，乘热气球飞往高空，飞到比矗立的森林还要高，比浮动的白云还要高，离地面大约三十公里的地方。即使是飞得那样高，也还是看不见我们国土的边界。但是，如果天气晴朗，没有云层遮盖，视野就会非常开阔。

从这个高度看下去，似乎整个大地都在运动。有什么东西在森林、草原、高山和海洋的上方运动着……

那些是飞鸟儿！数不清的飞鸟儿！我们的候鸟离开故乡，越冬去了！

当然，有些鸟儿留了下来，像麻雀、鸽子、寒鸦、灰雀、山雀、啄木鸟和其他一些小鸟。还有许多大个儿的野禽，如鹞鹰、苍鹰和大猫头鹰。但是即使是这些大猛禽，冬天在我们这儿也是没什么事可做。大多数鸟儿还是离开我们，去暖和的地方过冬了。候鸟们从夏末时就开始动身了，最先飞走的是春天最后飞来的那一批。鸟儿们的迁徙活动经过了整个漫长的秋季，直到河水被冻成冰为止。最后离我们而去的，是春天最先飞来的那一批，有白嘴鸭、云雀、椋鸟、野鸭和海鸥等等。

不同的鸟儿飞往不同的地方

你们可能会认为，鸟儿都是从北向南，沿平流层飞往过冬地的。但这种想法是错误的！

不同种类的鸟儿在不同的时候飞走，大多数鸟儿选择在夜间起飞，因为这样安全些。而且，它们并不都是从北方飞到南方过冬。有的鸟儿在秋天时从东方往西方飞；而另一些鸟儿正好相反，从西方飞到东方。另外我们还有一些鸟儿，一直飞到北方去过冬。

我们的特邀新闻记者，利用电报和无线电广播给我们发来报道：什么鸟飞到了什么地方，这些长着翅膀的旅行家一路上的情况如何。

自西向东

“切——依！切——依！切——依！”红色的朱雀——金丝雀，在鸟群里这样交谈着。它们在八月份就从波罗的海的海滨，从列宁格勒州和诺夫哥罗德州开始了它们的旅程。它们飞得不慌不忙，既然哪儿都有食物，那还有什么好忙的呢？这又不是春天回到故乡，不需要去筑巢和养育宝宝。

我们看见它们飞越了伏尔加河，飞过了乌拉尔一座不高的山峰。此刻，它们在巴拉巴—西伯利亚的草原上呢。它们一天天向东飞去，向太阳升起的方向飞去。它们从一片丛林飞到另一片丛林，巴拉巴草原上到处都是桦树林！

它们尽可能选择在夜里出发，在白天休息、吃东西。虽然它们是成群结队地飞行，而且每一只鸟儿都时刻保持警惕，生怕发生灾祸，但灾祸还是不可避免地发生了。只要一不留神，就会被老鹰捉走一两只。西伯利亚的猛禽实在是太多了，雀鹰、燕隼、灰背隼等等，不计其数。它们在空中飞驰着。当候鸟们从一片丛林飞往另一片丛林的时候，不知道要被这些猛禽捉去多少！还是晚上好一些，虽然猫头鹰很凶悍，但是那时候数量少了许多。

在西伯利亚，朱雀拐了个弯，它们飞过阿尔泰山脉，飞过蒙古沙漠，飞到炎热的印度，在那里过冬。在这条艰难的旅途中，有多少可怜的小鸟儿要送掉性命啊!

197357号铝环简史

我们俄罗斯的一位年轻科学家，把一个轻便的铝制的脚环套在了一只身材纤细的北极燕鸥的脚上，这个铝环的编号是：197375。这是发生于1955年7月5日的一件事，地点是北极圈外白海边的坎达拉克沙禁猎区。

这一年的七月底，在雏鸟刚学会振翅飞行的时候，北极燕鸥就成群结队地开始了它们的冬季旅行。最初，它们往北飞，飞向白海海域；然后沿着科拉半岛北岸往西飞；随后，它们又往南飞，沿着挪威、英国、葡萄牙和整个非洲的海岸飞；再接着，又绕过了好望角，向西方向，从大西洋飞到印度洋去。

1956年5月16日，一位澳大利亚科学家在澳大利亚西岸的弗里曼特勒城附近，捉住了这只戴有197357号脚环的小北极燕鸥。从坎达拉克沙禁猎区到这里的直线距离是两万四千公里。

这只鸟儿的标本连同脚上的金属环，一起被保存在澳大利亚比尔特市的动物博物馆里。

从东向西

在奥涅加湖上，每年夏天都会孵出一大群如乌云一般的鸭子，和一大群如白云一般的鸥鸟。到了秋季，这些“乌云”和“白云”就要向太阳落下的西边飞去。成群的针尾鸭和蓝鸥已经动身飞往过冬地了。让我们坐着飞机跟着它们吧。

刺耳的声音呼啸而过，紧跟着的是水的哗哗声、翅膀的扑扑声、野鸭的绝望声、鸥鸟的鸣叫声……你们听到了吗?

这些针尾鸭和海鸥，本来打算在林中湖泊上休憩一下，哪知一只迁徙的隼恰好也在这里，并对它们发动了袭击。隼如同牧人的长鞭，伴随着一阵呼啸声，呼呼地抽动着空气，从已经飞到空中的野鸭的背上一闪而过。它那锋利的如同弯弯的尖刀一样的利爪，伸向了野鸭群。一只野鸭被袭击受了伤，长长的脖子像鞭子似的垂了下来。在它还没来得及掉入湖中的时候，那急速飞驰的隼一个转身，在水面上将它一把抓住，用钢铁般的利嘴在它后脑上猛地一啄，就带走当作午餐了。

这只隼给野鸭群带来了无穷的痛苦。它从奥涅加湖和野鸭们一同起飞，和它们一起飞过了列宁格勒、芬兰湾、拉脱维亚……它吃饱了，就蹲在岩石上或者树上，漠然地看着海鸥们在水面上飞翔，望着野鸭们脚朝上头朝下地往水里钻。瞅着它们聚在一块儿，拉成一条牵索从水面上飞起，向西飞去。在那里，有波罗的海灰色的海水，还有像金色圆球一样的落山的太阳。但是，只要隼一饿，它就立刻追赶上野鸭群，逮住一只野鸭来作为自己的食物。

它就这样一路跟着野鸭群，沿着波罗的海和北海的海岸飞行，飞过不列颠岛，只有到了不列颠岛沿岸，这只长着翅膀的“恶狼”，才可能放弃纠缠。我们的野鸭和海鸥会留在这里过冬。而隼，只要它愿意，就可以跟着别的野鸭群继续向南飞去，穿过法国、意大利，飞越地中海，飞向炎热的非洲。

一路向北，飞往极夜之地

欧绒鸭——就是那些为我们做鸭绒冬大衣提供又暖又轻的鸭绒的那种野鸭——在白海的坎达拉克沙禁猎区安静地孵出了自己的雏鸟。这个禁猎区多年以来一直在进行保护欧绒鸭的工作。大学生和科学家们在欧绒鸭们的脚上戴上了轻便的刻着编号的金属脚环。为的是弄清楚欧绒鸭从禁猎区飞到什么地方去过冬，是否能够返回禁猎区、返回自己的巢穴，以及这些神奇鸟儿的其他各种生活细节。

现在人们已经知道了，欧绒鸭从禁猎区几乎是一直向北飞行，飞到极夜地区，飞到北冰洋，那里有格陵兰海豹，还能听见白鲸大声的叹息声。

白海不久就要被厚厚的冰层覆盖了，冬天绒鸭在这里没有东西可吃，所以它们要飞到北方去。在北方，水面一年四季不封冻，海豹和大白鲸在那里捉鱼吃。

欧绒鸭从岩石和水藻上啄食软体动物——水下的海螺。它们是北方的鸟儿，只要不忍饥挨饿就行。无论是北方的严寒，还是无边无际的海洋，抑或是漆黑一片，它们都无所畏惧。它们身披着世界上最保暖的鸭绒大衣，一点儿寒气也透不进去。那儿的天际还常常出现神奇的北极光，巨大的月亮和明亮的星星。就算太阳一连几个月都不露面，又有什么关系呢？北极的野鸭在那儿一切都好，没有饥饿，可以自由自在地度过漫长的北极冬夜。

迁徙之谜

为什么不同的鸟儿会飞向不同的方向过冬？有的一直向南飞，有的向北，有的向西，还有的向东？

为什么有的鸟儿只在水冻成冰、漫天飞雪、找不到食物的时候才离我们而去；而有的鸟儿，即使食物充足，也还是要在固定的精确的日子里飞去？

而最最关键的问题是，它们是怎么知道自己秋天要往哪儿飞，在哪里过冬，行程如何？

另外，小鸟儿在莫斯科或者列宁格勒破壳而出，然后飞往南非和印度过冬，它们是怎么知道这一切的？我们这儿还有一种飞速很快的老鹰，它从西伯利亚直飞到天际，飞到大西洋，然后在春天，再从大西洋返回西伯利亚。

（未完待续）

追踪报道

森林中的战争（续完）

我们的记者找到了一个地方，那里林中种族间的战争已经结束。

这是一个云杉的王国，也就是我们的特邀记者采访初期所到的那片林木采伐地。

在这里，我们的特邀记者已经知道这场战争的结果了。

大批的云杉在和白桦、白杨的战争中死去，可是最后，还是云杉获得了胜利。

云杉比对手们年轻。白桦和白杨的寿命比云杉短，年老的白桦和白杨也不能像云杉那样迅速生长。于是，云杉的高度超过了它的敌人们，把可怕的浓密的大掌伸到它们头上，喜阳的阔树叶最终开始渐渐枯萎。

云杉不停地生长着，投下的树阴越来越浓密，林间地下的居住地也越来越深、越来越黑暗。凶恶的苔藓、地衣、小蛀虫、蛀木虫都在那里等着战败者的缓慢死亡。

一年又一年过去了。

自人们砍光了古老而阴郁的云杉林起，已经过去了一百年了。接着，为了争夺那片空地的战争，又过去了一百年。现在，在这个地方，一片古老而阴郁的云杉林再次耸立起来了。

这片丛林里没有鸟儿歌唱，也没有愉快的小野兽居住。任何一种偶然出现的绿色的小植物都会凋零枯萎，很快死在云杉林黑暗的国度里。

每到寒冬来临时，林木间的战争就停止了。冬季是树木的休眠期，它们比洞里的熊睡得还沉，像死了一般。树木体内的液体停止了流动，它们不吃，也不生长，只是沉寂一片，昏昏沉沉地呼吸着。

听一听，一片寂静。

看一看，这是个遍布尸体的战场。

我们的通讯员打听到这样的消息：这片阴森森的云杉林在今年冬天将被砍伐，按照计划，这里要用作伐木场。

明年，这里将变成一片新的沙漠——采伐地。林中种族又将在这里开战。

但是，现在我们将干预这场可怕的周而复始的战争，不可能再让云杉一方独霸了！我们把一些这里不曾有的新树种移栽到采伐地来了，观察着它们的生长，必要的时候，在树顶上开出几扇窗，让明亮的阳光照射进来。

这样一来，鸟儿就会在这里为我们唱欢乐的歌了。

集体农庄新闻

大丰收

田野空荡荡的，庄稼大丰收，农民收割了庄稼，用新粮做成了馅饼和面包。田里的谷地和斜坡上铺满了亚麻，它们经受了雨淋、日晒、风吹。农民们把它们收集起来，运到打谷场上，在那里揉一揉，完成拔麻。

孩子们已经开学一个月了。人们挖完了土豆，把它们运到了车站，或者把它们埋藏在干燥的沙垒里。

菜园也空了，人们从菜田里收完了最后一颗叶子卷得很紧的卷心菜。

秋播的庄稼绿油油的。这是庄员们为了接替已经收割的庄稼而为祖国的新一轮收获所准备的新礼物——这将会是更大的丰收。

田公鸡，也就是灰松鸡，来到了秋麦田里。它们已经不是一家一户来了，而是结成很大的一群，每群都有一百来只。

很快，打松鸡的季节就结束了。

沟壑的征服者

在田里有一些沟壑，沟壑越来越大，逐渐蔓延到庄田里了。这让村民们很担心，孩子们也跟着大人们一起着急。我们知道，为了更好地和沟壑的扩大做斗争，可以在沟壑的周围种上树木，树根束住土壤，就能巩固沟壑的边缘和斜坡。

这是发生在春天的事情，而现在已经是秋天了。我们专门开发了一块苗圃，种植了几千株杨树，还有许多柳树、洋槐。我们现在正在移植这些树苗。

几年之后，沟壑的斜坡就会被乔木和灌木覆盖了。将来，沟壑本身也会被我们征服！

大队委员会主席　科里亚·阿格福诺夫

采种子去

九月份，很多乔木和灌木都结了种子和果实。这个时候，最要紧的事情就是多多采集种子。既可以为田圃提供树苗，也可以绿化运河和池塘。

要大量采集乔木和灌木种子，最好在很短的时间内、在它们完全成熟以前，或者在它们刚成熟的时候采集。尤其是挪威槭树、橡树和西伯利亚落叶松的种子，采集的时候更不能拖延时间。

九月份，开始采集的树木种子有：苹果树的、野梨树的、西伯利亚苹果树的、红接骨木树的、皂荚树的、荚蒾树的、马栗树和欧洲板栗树的、榛树（西洋榛子）的、狭叶胡秃子树的、沙棘树的、丁香树的、黑刺李树的和野蔷薇的。同时，还可以采集克里木和在高加索常见的山茱萸的种子。

我们想出来的主意

现在，我们在做一件美好的大工程：植树造林！

我们在春天过了一次“植树节”，这个日子已经成了一个真正的造林日了。我们在农场池塘的四周栽上树，免得烈日把池塘烤干。我们在高高的河岸上栽种树苗，用来加固陡峭的河岸。我们还把学校的运动场绿化了。这些树都成活了，夏天里成长了不少。

现在，我们的脑中产生了一个好想法。

冬天，田间所有的道路都会被雪覆盖起来。每年人们都不得不砍下整片小云杉林，用它们来拦住乡间土道，防止它们被雪掩埋。有的地方还立上了路标，免得行人在风雪中迷路，陷入雪堆里。

为什么要每年砍掉这么多小云杉呢？于是，我们决定，干脆在道路两旁栽上活的云杉吧！一劳永逸岂不更好！这样，我们的道路就不会被雪掩埋了，还能当路标使用！

我们这么想，然后就这么做了。

我们在森林的边缘地带挖了许多小云杉，用篮子把它们运到路上来。

我们细心地给小云杉浇水，小云杉们在新家愉快地生长起来。

森林通讯员　万尼亚·扎米亚京

选母鸡

昨天，养鸡场挑选良种母鸡。农民用一块木板把母鸡们小心地赶到一个角落里去，然后一只只捉去给养鸡专家鉴别。

专家手里提着一只喙长身瘦的母鸡，那母鸡长着一个小小的淡红色的冠子，两眼昏昏沉沉，目光呆滞，像是在问：“逮我干什么？”

专家逮着它说：“这样的鸡我们不需要。”

然后，专家捉住了一只嘴短眼大的母鸡。它的脑袋很宽，鲜红的鸡冠子歪向一边，两只眼睛亮晶晶的。母鸡挣扎着，咯咯直叫，似乎在说：“放开我，快放开我！别抓我！别抓我！别来烦我！你自己不挖蚯蚓吃，还不许别人挖啊！”

“这只不错！”专家说，“这只会给我们下蛋。”

原来，得选精力充沛、充满生机、天性活跃的鸡，这样的鸡下蛋更多！

换房子，换名字

春天，鲤鱼妈妈在一个小小的池塘产了卵，孵出了七十万尾小鱼苗。这个池塘里没有别的鱼，只住了这一个有七十万个兄弟姐妹的大家庭。但是只过了一个半星期，它们的小家就显得太拥挤了。于是，它们搬到夏季的大池塘里去住。在那儿，鱼苗们慢慢长大，到秋天时就变成大鲤鱼了。

现在，这些鲤鱼准备迁居到冬季的池塘里去。过了这冬天，它们就有一周岁了。

星期日

小学生们帮助农民收割肉质直根植物：甜菜、冬油菜、芜菁、胡萝卜和香芹菜。孩子们发现芜菁的体积比个头最大的小学生瓦吉克·别特罗夫的头还要大。不过，最令他们惊奇的是，喂牲口的胡萝卜竟然这么大！葛娜·拉里诺夫把一根胡萝卜立在自己的脚边，这根胡萝卜竟然和她的膝盖一样高！光胡萝卜的上半截就有一个手掌宽！

“古时候，可以用这种胡萝卜来作战。”葛娜·拉里诺夫拿起一个大胡萝卜说，“把芜菁当作手榴弹，向敌人扔过去。当空手搏战的时候，就用这大萝卜往敌人的脑袋上敲——咚！”

“古时候根本就培育不出这么大的蔬菜！”瓦吉克·别特罗夫反对道。

把小偷关在瓶子里

“把小偷关在瓶子里。”“红十月”集体农庄的一个养蜂人说。

那天，因为天气寒冷，蜜蜂待在蜂房里没有飞出去。黄蜂这群强盗正在等着这个机会呢！它们飞到蜂房来偷蜂房里的蜂蜜。可是，还没飞到蜂房，就闻到一股蜂蜜的气味，看到蜂房里摆着几个装了蜂蜜水的瓶子。它们改变了主意，不再偷蜂箱的蜂蜜，决定直接从瓶子里偷。似乎那样做更加文明些，而且也没有从蜂箱里偷那样危险。

它们钻进去试了试，于是都中了圈套，在蜂蜜水里淹死了。

吉特·维里卡诺夫的故事

在篝火旁

我曾经和几位老人一起去森林和湖边打过猎。

我们趁着傍晚的霞光，照例尽兴地开了一阵枪，打到了几只野味，虽然小了点。大家燃起一堆篝火，吃了一顿野鸭汤，接着又喝了茶。火堆上煮的茶特别好喝，有一股烟味。

接着，大家开始讲起了故事。不管怎样，得把今晚的时光打发过去，等到第二天天亮就去打猎！

耶夫赛义爷爷开始讲："你们这里的鸟禽都是很寻常普通的，不像克里米亚那里的鸟兽。我在克里米亚当过兵，在那里没见到什么稀奇的东西，只是那里的鸟儿让人感到新奇！"

"瞧！这就开始了！"我心里暗想。我太喜爱这些故事了，就算不让我吃饭，也不能不让我听猎人的故事。虽然有些人说他们更喜欢闵希豪生的故事。但是我认为，猎人在狩猎时心情激动，他所看到的场景与无动于衷的人看到的场景是不一样的。当然，常有猎人在讲故事的时候添油加醋，这正是故事精彩的地方！也就因为这样，民间流传着一句关于猎人的话："全是胡说八道！"但是他们的故事里常常隐藏着令人惊奇的、罕见的真实故事，那是别人不曾见过的，那就让我们听听这些故事吧！

我问爷爷："耶夫赛义爷爷，您在那里看到了什么样新奇的鸟类？"

"恐怕你一点都不会相信我说的话。举例来说，那里有这样一种野鸭，先叫它鸭子吧，它的个头和雁差不多大。人们管它叫做加拉

加兹，这种鸭子的性格很野蛮，它在草原上一旦发现洞口的狐狸，就咬住它的后颈往地上摔，然后把它吃了。然后占据狐狸的洞穴，在那里生蛋，孵化小鸭子。”

有人问道：“它长什么样子？”

而伊凡爷爷却笑着摸着自己的大胡子说：“开什么玩笑？谁会相信你说的！”

“它的个头像雁一样大，嘴是红色的，脑袋像公鸭，头上有花斑。在它身后的狐狸洞口只剩下一根狐狸尾巴和一些狐狸毛——这些都是我亲眼见证的！”

伊凡爷爷说：“我们这里是没有这样大而且这样凶狠的鸟儿的，但是有种小鸟却小得让人惊奇！这里有个叫维坚卡的男孩儿，从城里到这里来时就打到了一只。他的霰弹从弹壳里漏了出来，他瞄准了一根云杉的枝条——此时我就站在他身边，亲眼见着这一切。“砰”的一声，一只鸟从树上坠落，无论你信还是不信，那只鸟儿像苍蝇一样大小，就是蜻蜓也比它大，它看起来是那么可爱！我告诉过你们，枪筒里一颗霰弹也没有，那只可爱的小东西被一声空枪吓晕了过去。维坚卡把它捡起来，放在怀里，带回了家——他们一家住在别墅里。他把小鸟放在桌子上，它肚朝天躺着，两条小腿无法动弹。看把它吓成了什么样子！然后它苏醒了，翻了个身，飞到窗台上，仿佛什么也没发生，然后它在男孩子的鸟笼里生活了整整一个月。它全身呈灰色，脑门却是红红的。”

“这有什么可令人感到惊奇的！”耶夫赛义听伊凡爷爷讲完，气恼地说：“一只小鸟被吓晕了而已！就像你说的那样，这只鸟小得可怜，心脏大概比一颗豌豆还要小，哪还有地方装胆子！哈哈，这胆子恐怕要把森林的主人托普特京将军吓个半死吧！”

伊凡爷爷只是咳嗽了一声，而耶夫赛义爷爷继续说着：“在我当兵的时候发生过这样一件事。有一次，耶罗施金少校从山上看到林子里有一头熊，它正在安定地干着自己的活儿：它把石头搬开，在那里找甲虫、蛞蝓、老鼠吃。耶罗施金少校举起双筒枪朝野兽开了一枪。可是枪筒里装的是霰弹，少校原本是想去打花尾榛鸡的，但是他自己却忘记了这一点。这头熊就在山下，离自己很近，简直触手可及。但是即使用霰弹打到了它，也伤不了它的皮毛，霰弹只会被缠在毛里。可是少校刚对它开了一枪，熊就蹦跳起来，大吼一声，翻了个跟头，钻到树丛里去了。树枝的折断声立刻传来，我和少校哈哈大笑起来，然后我们准备下去看看，它到底留下了什么踪迹。那踪迹真没什么好看的，熊被吓傻了，这倒没什么。我们走进树丛一看，就看见它躺在那里，像木头那样死了，它莫非是被吓死了……瞧这枪射的！”

我们讨论着这件事，然后老人们开始回忆各自有趣的开枪经历。

伊凡爷爷说，有一次，他在森林边的灌木丛下瞄准了一只白色的鸟，朝它开了一枪。可等他走过去看时，却发现树丛里有七只被打死的鸟。看，这一枪就打死了七只！

后来他又想起一件事情，在他打猎回来的时候，一只雄壮的苍鹰从他面前飞起。伊凡爷爷向它背部开了一枪，他对这些苍鹰是从来不会手下留情的。苍鹰坠落下来，扑腾着翅膀，伊凡爷爷走了过去，看到在它的身体下面有一只被摘了脑袋的花母鸡。他把母鸡带回村子里，他的老太婆说："这是我们家的母鸡，被这强盗拖走了，现在正好，一举两得。你把盗贼消灭了，全村人都会高看你的，我明天给你炖鸡汤喝。"

耶夫赛义爷爷不愿输给伊凡爷爷，又说了一件耶罗施金少校的事情。

"应该说少校的枪法不怎么样，就像人们所说的那样：朝乌鸦开枪，却打在了奶牛身上。不过，打猎的时候各有各的运气，而幸运就降临在少校身上。在高加索，他遇到了另一件事情。少校带着自己的向导犬一起去打野鸡。向导犬领他来到一片芦苇丛前，缩回一条腿站定，埋伏在那里。少校走到向导犬身边，要它继续往前走。向导犬刚往前迈一步，一只野鸡从它脚下"咔"的一声飞走了。砰！少校立即开了一枪，但是野鸡安然无恙地飞走了。可芦苇丛里却沙沙响了起来，有什么东西在叫唤着，还传来翅膀的扑扑声！又出了什么事情？我们走过去一看，那里躺着一只健硕的大猫，正在挣扎着呢。那里生活着一种丛林猫，当然，是野生的。那些猫的个头很大，是我们家猫个头的两倍。原来，少校的这一枪没有打中野鸡，而是误中了野猫，幸好它打中的不是向导犬。"

回忆着猎枪打中猎犬的故事，伊凡爷爷说起了自己的追踪犬，那条狗已经很老了，眼睛完全瞎了，但是追踪兔子比以前还厉害。

"在林子里怎么会不撞到树上呢？"耶夫赛义摇着头问，"嘿，你又说谎了！"

"它可是不慌不忙地往前走的，兔子也不慌不忙地躲着，可是还是被狗抓住了。”

“这是什么事!”耶夫赛义既不赞同，也不反对，含糊地自言自语，“听说有个猎人有条猎犬，就像少校先生的那条追踪犬，样子很相似，像同胞姐妹似的。那条狗在城里的时候会对着纸张做埋伏动作。”

“这怎么能做到？对着纸做?”伊凡爷爷不明白了。

“这很简单，主人在纸上写上‘黑琴鸡’或‘田鹬’的字样，那条狗就会做出埋伏的动作。而完全不去注意没有写字的纸张。”

“咳！咳！咳!”伊凡爷爷突然咳嗽起来，“该死的蚊子！虽然只吸了一点儿血，却不知怎么钻到我喉咙里了。在森林里没办法避开这些蚊子，在家里又要受苍蝇的折磨。苍蝇知道自己存活的时间不长了，比蚊子咬人还凶。”

“你看，”他又接着说，“火堆已经熄灭了，蚊子开始叮咬咱们了，天刚刚亮，该干活了。”

吉特·维里卡诺夫

林野特辑

愚弄黑琴鸡

在秋日将近的时候，黑琴鸡们聚成了一大群。群里有硬翅膀的黑色雄琴鸡，有浅棕色的带斑点的雌琴鸡，也有年轻的小鸡崽儿。

黑琴鸡群喧闹着飞下来，落到浆果树丛里。

鸟儿在地面上散布开来。有的在啄坚硬的红越橘；有的用脚爪刨开草，吞食那些碎石和细沙。这些碎石和细沙可以帮助它们促进消化，将嗉囊和胃里坚硬的食物磨碎。

不知是谁，在干枯的落叶堆上快速地行走着，发出“沙沙”的声响。

黑琴鸡们都抬起头，警觉起来。

在树木之间，一条竖着两只尖尖耳朵的北极犬一闪而过，向这边跑来了。

一些黑琴鸡很不情愿地飞上了树枝，另一些躲到了草丛里。

北极犬跑入了浆果树丛，把所有的黑琴鸡都吓得飞起来了。

然后，它蹲在树下面，眼睛盯着一只黑琴鸡，“汪汪”地叫唤着。

黑琴鸡也睁大眼睛瞪着它。很快，黑琴鸡就在树上待腻烦了，于是，它开始在树枝上来来回回地走，不时回过头看看北极犬。

真是讨厌！为什么坐在这里还不走！想吃东西吗？快点儿忙自己的去吧！那样又可以飞下去啄浆果吃了……

突然传来一声枪响，一只死去的黑琴鸡掉了下来。原来，在黑琴鸡忙着看北极犬的时候，猎人已经悄悄出现了，躲在树后面，然

后猛地一枪。随着这声巨响，黑琴鸡群们扑闪着翅膀，飞了起来，飞到森林的上方，向远离猎人的地方飞去了。林边草地和小树林从下方闪过。躲到哪里去了？这里是不是也藏着猎人？

白桦树光秃秃的树冠上，蹲着几只黑琴鸡。一共有三只。这是个安全的落脚点，如果桦树林里有人，这三只黑琴鸡是绝对不会这样安心地蹲在这里的。

黑琴鸡越飞越低，然后吵吵嚷嚷地落到树顶上。原来蹲在那儿的三只黑琴鸡头也没回，继续蹲在那里，像树墩一样。新飞来的黑琴鸡仔细打量着它们。黑琴鸡果真是黑琴鸡——漆黑的身体，红色的眉毛，翅膀上有点点白斑，尾巴分错开来，黑色的眼睛闪闪发光。

一切都正常。

砰！砰！

发生什么了？哪里来的枪声？为什么有两只新来的黑琴鸡从树枝上摔了下去？

树顶上升起一缕轻烟，很快散开了。可是，那三只黑琴鸡仍然像刚才一样蹲在那里。新来的黑琴鸡群也跟着蹲在那里，望着它们——下面一个人也没有，为什么要飞走啊？

黑琴鸡转动着脑袋看了看周围，安静下来。

砰！砰！

一只雄黑琴鸡像一团泥似的掉在了地上，另一只突然在树顶上方高高地跃起，蹿到了空中，然后又摔了下来。惊慌失措的黑琴鸡群在树上炸开了锅，还没等那只受伤的黑琴鸡从高空坠落到地上，就消失得无影无踪了。只有原来那三只黑琴鸡仍然蹲在那里，仿佛什么也没发生，纹丝不动地待在树顶上。

树下面，一个手上拿枪的人从隐蔽的帐篷里走了出来，捡起猎物，然后把枪靠在树上，爬到白桦树上。

桦树林的树顶上黑琴鸡的黑眼睛若有所思地凝望着森林的上空。黑色的眼睛一动不动，其实这只是黑色的小球。而这些动也不动的黑琴鸡，是用黑绒布做成的。只有嘴，是真正的黑琴鸡的嘴，对，还有那分错的尾巴，也是用真正的羽毛做的。

猎人取下来一只假的黑琴鸡，然后从树上爬下来，又爬上另一棵树去取另外两只假黑琴鸡。

在远处，那群受了惊吓的黑琴鸡从森林上空飞过。它们仔细观察着每一棵树，每一丛灌木。哪里会产生新的危险？哪里能躲开这些拿着猎枪的人类？它们永远不能提前知道，猎人会用什么法子来暗算它们……

好奇的大雁

大雁有很强的好奇心，猎人们都很清楚这点，而且他们还知道没有哪种鸟儿比大雁更加谨慎。

在距离岸边一公里的浅水沙滩上聚集着一群大雁。那里，无法走过去，无法爬过去，也无法乘车过去。大雁们把脑袋藏在翅膀下，缩起一只爪子，安稳地睡着。

它们有什么好害怕的呢？它们有看守人呢！在大雁群的每一面都站着一只老雁，它们不睡觉，也不打瞌睡，警觉地观察四周。你可以给它们来个突袭试试！

岸上出现了一条小狗，守卫的老雁立刻伸长了脖子，看它准备做些什么。小狗在岸上跑来跑去，一会儿跑向这边，一会儿跑向那边，好像在沙滩上捡着什么东西，它根本没去注意那些大雁。

没有什么可疑的。但是老雁很好奇：这只狗为什么要一会儿前一会儿后地跑？应该离近些看才好。

一只守卫的大雁晃晃悠悠地跳到水里去，向岸边游来。轻轻的

拍水声吵醒了三四只雁，它们也看见了小狗，也向岸边游来。

游近去看，才看见从岸上的一块大石头后面，飞出了许多面包团——一会儿扔向这边，一会儿扔向那边，面包团掉在了沙滩上，小狗摇着尾巴，跟着面包团跳来跳去。

哪里来的面包团啊？

是谁在石头后面？

几只大雁离岸边越来越近，它们伸长了脖子，想看个清楚。一个猎人从石头后面跳了出来，精准的几枪迅速打中了几颗好奇的脑袋，把它们全都打入水中了。

六条腿的马

成群结队的野雁在田里吃东西，守卫们站在四周。它们不允许任何人接近它们，哪怕是一条狗。

远处，几匹马儿在田里悠闲地散步。大雁才不怕它们呢！众所周知，马儿是一种温和的食草动物，它们是不会攻击鸟儿的。

其中一匹马，吃着地里又短又硬的麦穗的残渣，一步步走向了大雁群。不过大雁们并不在意，有什么好怕的呢？哪怕它走到跟前，也来得及起飞。

可是这马多奇怪啊，它竟然长着六条腿！有四条是通常见的马腿，还有两条穿着裤子！

守卫的大雁“咯咯”地叫了起来，发出了警报。大雁们都抬起头来。

马儿继续慢慢靠近。

守卫的大雁扇起翅膀，飞过来侦查。

它从上面发现，马的后面还躲着一个人，而且他手里还握着一把枪。

“咯咯咯！快跑啊！快跑啊！”侦探员向大家发出了逃跑信号。

懊恼的猎人在它们后面一连开了两枪。可是太远了，霰弹已经打不到它们了。

大雁们得救了。

喇叭

每天晚上到这个时候，森林里都会传来麋鹿开战的号角。

“谁不想活了，出来和我打一架吧！”

一只老麋鹿从它那长满青苔的洞穴里站了起来。它足有四百多公斤，体长约两米，它那宽阔的犄角有着十三个分叉。

谁敢回应这森林第一勇士的挑战！

那头老麋鹿愤怒地前去应战，它踏着笨重的蹄子，深深地踩进潮湿的青苔里，把挡路的小树都踩断了。

对手又发出了挑战的号角声。

老麋鹿用可怕的怒吼声回应着对手。这一声吼，把黑琴鸡群从白桦树上吓得飞走了，胆小的兔子听到了，惊慌地从地上跳起来，拼命地跑到密林里。

看谁敢……

它的眼睛里充着血，也不分辨道路，径直朝着敌人的方向冲了过去。树林变得稀疏起来，前面出现了一片空地……原来在这里！

它从树后面飞冲上去，想用犄角把敌人撞飞，或者用沉重的身体把敌人压死，用锋利的蹄子把敌人踏死。

直到枪声响起，老麋鹿才看见树后面有一个人，那人手里拿着枪，腰里别着一个大喇叭。

老麋鹿立刻逃向密林，身体虚弱极了，摇摇晃晃的，伤口不断流着血。

可以猎兔了

按照传统，10月15日，报纸上刊登通告：可以猎兔了！

像八月初那样，猎人们把车站挤得满满的，他们还用皮带牵着猎狗，有的人甚至还牵了两只甚至更多。但是这些狗已经不是夏天时候带出来的那种猎犬了。

这些大而雄壮的狗，腿又长又直，脑袋笨重，嘴巴像狼一般，身上长着各种颜色的粗毛：有黑色的，灰色的，褐色的，黄色的，紫色的；还有黑色花斑的，黄色花斑的，紫色花斑的，以及夹杂着黑色花斑的褐色、黄色、紫色皮毛。

这是一些特种公猎狗和雌猎狗。它们的任务是根据动物留下的痕迹，把野兽从洞穴里赶出去，一面追，一面“汪汪”地叫着。猎人跟着猎狗，就知道野兽是怎么走，怎么转圈子了，这样可以站在野兽洞穴的入口处，给它迎面一击。

在城市里是很难去养这些粗野的大狗的。很多猎人根本没狗可带，我们这支队伍就是如此。

我们出发去找塞索伊·塞索伊奇一起打兔子。

我们一行十二人，占了车厢整整三个包间。其他旅客们都惊讶地看着我们的一个同伴，微笑着，相互说着悄悄话。

他们所注视的这个同志，是个大块头儿。很胖，胖得连门都进不去。他的体重足足有一百五十公斤。

他不是猎人，但医生叮嘱他应该多出去散散步。他是个神枪手，打起枪靶来，我们所有人都不是他的对手。他为了让自己的散步更有些乐趣，就决定和我们一块儿去打猎。

简单的围捕

晚上，在一个很小的森林车站里，塞索伊·塞索伊奇前来迎接我们，我们在他家里过了夜，第二天黎明时分就出发打猎。塞索伊·塞索伊奇找来了十二个村民，让他们帮忙在我们围猎的时候呐喊，那群人喧喧嚷嚷地和我们一起走去。

我们在森林边停下来。我把写了号码的纸片卷起来放在帽子里，我们十二个人按照次序抽签，抽到第几号，就站在第几号的位置。

呐喊人都已经走到林子外面了。在宽阔的道路上，塞索伊·塞索伊奇按照各人的号码给我们布置位置。

我抽到了6号，胖子抽到了7号。在指明我们的位置之后，塞索伊·塞索伊奇就给新手们说明围猎的规矩：不要沿着狙击线开枪，那会伤到旁边的人；当呐喊人的声音很近的时候要停止射击；不许射杀那些禁止射杀的动物；要等待信号才能开枪。

胖子离我大约六十步距离。猎兔可不是猎熊，猎熊时两个猎手可以相距一百五十步。塞索伊·塞索伊奇站在狙击线上批评人可是一点都不客气的，我听见他教导胖子说："你为什么要往灌木丛里钻啊？那样开枪多不方便啊！到这里来，和灌木丛并排站着。兔子的眼睛是往下看的。您的腿——请原谅我这样说——像是两个树墩子。您要把腿分开些。兔子会很简单地认为，这是'树墩子'！"

塞索伊·塞索伊奇把所有人安置好，就上了马，奔到树林外面去布置其他围猎者了。

离围猎开始还有很长一段时间，我仔细观察着周围的环境。

在我面前四十步远的地方，光秃秃的赤杨和山杨像一堵墙似的竖立着，白桦树的叶子已经落了一半，林中还穿插生长着一些黑色的毛茸茸的云杉。可能稍过一会儿，就会有兔子、黑琴鸡从森林的深处穿过这些长满笔直挺立的大树的混合林，向我这边跑来。如果运气很好，还可能会有长着翅膀的大猎物——雄松鸡过来。难道我会打不中吗？

每一分钟都如同蜗牛爬行一样。那个大胖子是什么感觉呢？

他不断换着脚站立，也许，他这样做是想把腿分得更像树墩一些。

突然，从寂静的森林里传来了猎人两声长长的响亮的号角声，这是塞索伊·塞索伊奇下了信号，他在催促呐喊队伍向前，向我们这个方向推进。

大胖子抬起了他那“火腿”一般的胳膊，举起双筒枪，就像举着一根小手杖，动也不动。

真是个怪人！准备得这么早——胳膊不累吗？

呐喊的声音还没有传过来。

枪声已经传来了，沿着狙击线，先是右边响起了一声枪响，然后又从左边响起了两枪。已经开始放枪了，可是我还什么都没做呢。

大胖子也用双筒枪射击了——啪！啪！他在打黑琴鸡，可是黑琴鸡高高地飞起来，白忙了一场。

微弱的呐喊呼应声、木棍敲打树干声已经渐渐传来了。从树林侧面也传来哐啷哐啷的声响……但是却没有任何东西向我们冲来，也没有东西冲我们这儿跑过来。

最终，一个白里透着灰的小家伙在树干后面闪现，是一只还没完全褪毛的雪兔！

哎呦，这是我的！嘿，那小家伙，拐了个弯！朝着胖子蹿了过去……唉，还发个什么呆！快啊，快打啊！

砰！没有打中……

雪兔拼命地直奔向胖子。

砰！

一团白色的东西从雪兔身上飞了出来。大惊失色的兔子吓得要死，竟然往那像树墩一样的大腿中间钻去，胖子一下子把两腿夹住……

难道还有人用腿捉兔子吗？

雪兔竟然还是钻了过去，而那个大胖子巨大的身躯却整个儿倒在了地上。

我乐得哈哈大笑，眼泪都笑出来了。透过泪眼朦胧的双眼，两只白兔一同从森林里蹦跳到我的眼前，但是我不可以开枪，因为兔子是沿着狙击线逃走的。

胖子慢慢跪着站了起来，他伸过手，给我看他手里抓着的一团白毛。

我朝他喊道："没摔伤吧？"

"没什么，尾巴尖还是给打了下来了。兔子的尾巴尖！"

真是个怪人！

射击停止了。呐喊的人群从森林里走出来，所有人都聚集到胖子身边。

"叔叔，你是神甫吗？"

"肯定是，看看他的肚子。"

"这样胖，真是难以置信！看来，你衣服里一定是装满了野味儿，所以才这么胖的。"

可怜的射击手啊！在城里，在我们的靶场上，谁会相信这个？

但是塞索伊·塞索伊奇已经催促我们去新的围猎区——田野。

我们这帮人喧喧嚷嚷地沿着林中道路往回走。在我们的后面有一辆大车，里面载着猎物，还有那个大胖子。他太疲劳了，连呼吸都困难。

猎人们才不会对这可怜虫留情呢，一路上都在拿他开玩笑。

突然，在森林道路的拐弯处，一只大黑鸟（它的个头足有两只黑琴鸡那么大）出现在森林的上空。它沿着道路飞行，从我们的头顶飞过。

大家都忙端起枪，密集的枪声响彻了整个森林。每个人都急忙开枪，迫切地想把这只稀有的猎物打下来。

一阵枪响后，黑色的大鸟还在空中飞着，已经飞到了大车的上空了。

胖子也举起了枪，坐在大车上，用那对“火腿”似的胳膊举起那根小手杖。

他开枪了！

所有人都注视着天空：黑色的大鸟像是一只假鸟一样，在空中猛地一惊，突然停止了飞行，像短截木头那样从空中掉到了路上。

“哇！好样的！”一个猎人喊道，“看！神枪手！”

我们这些猎人都不好意思地沉默着：所有人都看见了，所有人都开了枪……

胖子拎着这只比兔子还重的长着胡子的雄松鸡。我们每个人都乐意把今天打到的猎物和他手里的野禽交换。

对胖子的嘲讽结束了。大家甚至都忘记了，他是怎样用腿抓兔子的了。

来自全苏联各地的无线电通报

请注意！ 请注意！

这是列宁格勒的《森林报》编辑部。今天是 9 月 22 日，是秋分日。我们继续进行全方位的无线电通报。

呼叫冻原和原始森林、沙漠和山脉、草原和海洋，大家来说说，秋分之日都发生了什么。

请收听！请收听！

来自雅马尔半岛冻原的播报

我们这里一切都结束了，再也听不见悬崖上的鸣叫声和啾啾声了。可是，在夏天的时候，这里还是一个喧嚷的鸟儿的集市。小巧而善鸣的鸟儿们离开了我们，大雁、野鸭、海鸥、乌鸦们也都飞走了。四周一片寂静。只是偶尔传来可怕的骨头撞击声：那是雄鹿在用犄角打架呢！

早在八月份的时候，早晨就开始变冷了。现在，所有的水都凝结成冰。捕鱼船和机动船早就离开了。轮船停航了。笨重的破冰船正在坚硬的冻原上，费力地为它们开辟出一条道路。

白天越来越短，越来越短。黑夜变得漫长、无光又寒冷。几只白色的苍蝇在空中嗡嗡地飞着。

来自乌拉尔原始森林的播报

我们正在忙着欢送和迎接客人，一批批客人到来又离去。我们迎接从北方、从苔原到我们这里来的鸣禽、野鸭和大雁。它们飞到我们这里，在我们这儿作短暂停留。今天它们一群在休息，吃东西；而明天，你一看，它们已经不在那里了。半夜里它们已经不慌不忙地向远处飞去了。

我们正在欢送来我们这儿度夏的飞鸟。大部分候鸟，已经踏上了遥远的秋天旅程，去追寻已经逝去的阳光，到温暖的地方过冬了。

风从白桦树、白杨树和花楸树上吹掉变黄、变红的叶子。落叶松渐渐变黄，松软的针叶渐渐枯萎。在夜晚时分，一些笨重的、长着胡子的雄松鸡会飞到落叶松的针叶上。黑色的松鸡蹲在柔软的金黄色的针叶间吃着食物，填饱肚子。花尾榛鸡在黑漆漆的云杉间婉转啼鸣。接着又飞来了许多红胸脯的雄灰雀、浅灰色的雌灰雀、深红色的松雀、红脑袋的朱顶雀和角百灵。这些鸟也是从北方飞来的，但是它们不再继续往南飞了，对它们来说，这里已经很好了。

田野已经空了，在阳光明媚的日子里，微风轻轻地吹着，细长的蛛丝在田野上飘荡摇曳。最后一批蝴蝶花还在到处盛开着。灌木丛上挂着许多红色的小果实，像中国的小灯笼一样。

我们结束了挖土豆的工作，在菜园里收割最后一批蔬菜——甘蓝。我们装满了整个地窖，用来过冬。我们还在原始森林里采集了杉松的坚果。

小野兽们也没有落后于我们。长着细尾巴、背上有五道刺眼的黑条纹的小地鼠——花鼠，把许多杉松的坚果拖到树洞里，还从菜园里偷了很多葵花籽填满自己的小仓库。火红色的松鼠把蘑菇放在树枝上晒干，并且换上了淡蓝色的“小皮袄”。森林里的长尾鼠、短尾田鼠、水鼠，都往自己的仓库里搬运各种各样的果实。森林里长着斑点的乌鸦——星鸦，都在拖运坚果，藏在树根下的树洞里，准备晚上吃。

熊给自己找了一个安身之处，它用爪子撕扯着云杉树的树皮，准备做铺垫。

大伙儿都在准备过冬，各有各的繁重的工作。

来自沙漠的播报

我们这里正在过节。和春天一样，这里的生活如花儿般绚丽多姿。

难以忍受的酷热终于退去了，细雨纷纷。空气清新怡人，远处景物清晰可见。小草们重新披上绿装，以前躲避夏天烈日的动物又出来了。

甲虫、蚂蚁、蜘蛛都从地下钻了出来。长着细爪子的黄鼠也从深洞里钻了出来，拖着一条极长的尾巴，像小袋鼠一样蹦蹦跳跳。草原的红沙蛇在经过漫长的夏日休眠后也醒了过来，正捕捉着这些小东西呢。猫头鹰、草原狐（沙狐）、沙漠猫也都一下子出来了。长着矫健四肢的羚羊——身材匀称的黑尾鹅喉羚、高鼻羚羊疾驰而来。鸟儿也飞回来了。

又和春天一样了，沙漠已经不再是沙漠——这里满是绿色，生机勃勃。

我们沿着沙漠继续向前。

我们将要在这里铺上成百上千公顷的防护林，这些林木将保护田野避免遭受沙漠热风的袭击，并最终征服沙漠。

来自“世界屋脊”的播报

我们的帕米尔山脉是那样高耸巍峨，大家都叫它“世界屋脊”。有的山峰甚至超过七千米，直耸入云。

在我们的国家里，同一时间，既有夏天，也有冬天：山下是夏天，山上是冬天。

瞧，秋天来了！冬天从高耸入云的山峰的顶端开始下降，从上向下，把小生命们一点点赶了下来。

首先动身的是野山羊——山里的野羊，他们从夏天居住的寒冷的无法攀爬的悬崖上下来了，那里已经没有可吃的食物了，所有植物都被积雪覆盖，冻死了。

上山的绵羊也开始从它们的牧场往山下走。

那些肥大的旱獭也从高高的草场上消失了，它们夏天的时候还聚集在这里呢。现在它们已经躲到地下去了。它们收集过冬的食粮，把自己养得肥肥的，然后钻到洞里，用草做的塞子把入口处塞得紧紧的。

斜坡的下端散居着鹿啊，狍子啊。野猪在生长着胡桃树、阿月浑子树和野杏树的丛林里居住着。

下方，在深深的峡谷谷地突然出现了一些鸟，这些鸟，在夏天你是看不见的。它们是：角百灵、烟灰色的草地鹀、红尾鸲、神秘的蓝鸟——山鸫。

这里，气候温暖而食物丰富。现在，成群结队的鸟儿正从遥远的北方飞来。

在山下面，现在常常下雨。看着这连连的阴雨，我们知道，冬天正一步步从山上向山下走来——山那里也许还下着雪呢。

田里，人们在收棉花；果园里，水果繁多，葡萄大丰收；山坡上，胡桃装满了一筐筐。

而山口处已经被皑皑积雪阻断了。

来自乌克兰草原的播报

一些充满活力的小球在故乡平坦的、被太阳晒焦的草原上奔跑、跳跃。它们落到地上，围聚在一起，砸在你的脚上，但你却一点儿都不痛，因为它们那么轻。它们其实并不是什么球儿，而是圆圆的草，长着枯干的茎，茎端向周围撅着。现在，它们飞跳过土墩和石头，消失在小丘的后面。

这是风把一丛丛成熟的风滚草连根拔起。把它们像轮子那样推着跑，在整个草原上奔驰，而风滚草在这一过程中也不断地播撒自己的种子。

很快，燥热风不能在草原上游荡了。为了保护田野，人们建起了护林带。护林带守卫着我们的庄稼免于旱灾。

现在这里可是个捕猎的好地方！一群群不同种类的野禽和水禽汇集到草原湖的芦苇丛中，它们有的是本地的，有的则是路过这里。在小峡谷里，在没有割过草的地方，密集地簇拥着一群群肥胖的小鹌鹑。草原上有好多兔子啊——全是有着棕红色绒毛的欧洲大野兔，没有雪兔。狐狸和狼也特别多，你可以选择用猎枪打，也可以选择放狗去咬，无论用哪种方法，都很容易逮到。

在城市里的集市上，西瓜、香瓜、苹果、梨子、李子，多得堆成了小山。

来自太平洋的播报

我们穿过北冰洋的一方方冰原，穿过亚美大陆间的海峡通道，进入了太平洋。太平洋，或者说“巨大的海洋”，这个名字似乎更贴切一些。在白令海峡、在鄂霍次克海，我们常常能遇到鲸鱼。

世界上竟然还有这样大得惊人的野生动物！试想一下，它们的身躯有多雄壮，它们的体重有多难以估算，它们的力气有多么大吧！

我们看到一头鲸鱼，这是一头长须鲸，或者叫鲱鲸。它被拖到一艘规模很大的捕鲸船的甲板上。这头鲸有二十一米长，如果让大象的头尾相接排列，需要六头大象才能有这样的长度。它的大嘴能容下整条木船，包括桨手。

光它一个心脏，就足足有一百四十八公斤，抵得上两个成年人的体重，而它的总体重达五十五吨！

如果要用天平来称这条大鲸鱼，为了使天平两头重量相等，需要在另一端站上男女老少一千人！或许，一千人都还不够。况且，这头鲸鱼还不是这片水域里最大的。蓝鲸的体长可达三十三米，重达一百多吨。它们的力气是如此之大，它们被带着绳索的镖叉叉中了还能拖着捕鲸船游上个一天一夜，有时甚至还会发生更危险的情况——潜入深海，把捕鲸船一块儿拖下去。

而现如今，情况却完全不同了。我们很难相信，这头横卧在我们面前的巨兽，一座活的肉山，一个拥有可怕力量的海底之王，竟瞬间丧命于我们的捕鲸人之手。

但是在不久之前，捕鲸人还采用从小船上投短镖枪——带长索的镖叉捕鲸的方式。水手站在小船的船头上，把鱼叉投到鲸鱼的身上。后来，捕鲸人开始从轮船上用特制的炮打鲸鱼，炮里装着带索的镖叉。这只巨鲸也是被这样的镖叉击伤的，只是杀死它的不是铁叉，而是电流。在带索的镖叉上接了两根电线，电线的一端连接着船上的发电机。在带索镖叉像针一般插入鲸鱼身体的一瞬间，线路闭合，产生短路，于是强大的电流直接穿过鲸鱼的身体。

这个庞然大物剧烈地震动了一下，两分钟后就死了。

我们在白令海峡附近，看见了海狗，在铜岛附近看见了一些大海獭，它们正在和自己的孩子游玩。这些野生动物能提供非常珍贵的毛皮，所以，曾经差点被日本和俄国的皇家强盗们赶尽杀绝。后来，在政府严格的法律保护下，这些野生动物的数量又开始猛增。

在堪察加半岛的岸边，我们还看见了一些像海象那么大的北海狮。

但是，在我们看了鲸鱼之后，再来看这些野生动物，就觉得它们太小了。

现在是秋天，鲸鱼都离开了我们，去热带温水里生活了。它们将在那里生育小鲸鱼。明年，鲸鱼妈妈们将会带着自己的小鲸鱼游到我们这里，游到太平洋和北冰洋来。而这些吃奶的小鲸鱼的个头，比两头水牛还要大！

在我们这里，是不允许捕杀小鲸鱼的。

到此，我们结束了来自全国各地的无线电报道，我们最后的报道时间是 12 月 22 日。

公告

速来饲养无家可归的兔子

现在在森林和田野里，徒手就能捉到小兔子。它们的腿还很短，跑得很慢。得用牛奶、新鲜的洋白菜叶子和其他蔬菜来喂养它们。

提前通知

你喂养的长着长耳朵的小家伙是绝对不会让你感到无聊的。所有兔子都是著名的鼓手。白天的时候，小兔子静静地待在自己的箱子里；到了晚上就敲鼓似的用手掌敲打箱壁，然后你一下子就惊醒了。要知道，兔子是夜猫子。

制造小窝棚

可以选择在河岸上、湖岸上或者海岸上制造小窝棚。早晨或者晚上可以去那里静静地坐一坐。在候鸟迁徙的时候，你可以躲在小窝棚里，看到许多很有意思的事情：野鸭从水里爬出来，蹲在离你很近的岸上，近得可以让你看清它们身上的每一根羽毛。滨鹬绕着圈子在水面上飞；潜鸟潜在水里，在附近游来游去；鹭鸶飞过来，在小窝棚旁休憩。我们现在所看到的这些鸟儿，是夏天时不曾看见的。

秋·第二期

粮仓储满之月

10 月 21 日—11 月 20 日

太阳落入蝎星座

一年是一部分成十二个月的太阳诗篇

秋月储粮忙

十月——落叶，泥泞，冬伏。

“落叶风”席卷了森林里的最后几片枯叶。阴雨连绵。一只乌鸦全身湿漉漉的，蹲在篱笆上，显得很是孤寂。我们知道，它也很快就要出发了。原先在我们这里度过了整个夏天的灰乌鸦已经悄悄地飞到南方了；而另一批生活在更北方地带的灰乌鸦则悄悄地飞来了。原来，灰乌鸦也是候鸟。在遥远的北方，灰乌鸦和我们这儿的白嘴鸦一样，都是最先飞来、最后飞走的候鸟。

做完给森林脱去夏装这第一件事情后，秋天又得开始做第二件事了：把水变得越来越冷。每天清晨，草地上都会被一层易碎的薄冰覆盖。和天空中一样，水里的生命也越来越少。那些曾在夏季盛开在水里的花儿，早已将种子丢入水底，把长长的花柄缩回水下。鱼儿们都游到水底的深坑里过冬去了，那里的水不会凝结成冰。拖着长尾巴、身体柔软的蝾螈，在池塘里度过了整个夏天，现在它从水里爬了出来，爬到树根下青苔覆盖的地方过冬了。所有不流动的水都被冰封起来了。

陆地上的冷血动物都被冻僵了。昆虫、老鼠、蜘蛛、蜈蚣等等都不知躲藏到什么地方去了。蛇爬到干燥的坑里，盘成一团，很快就会冻僵。蛤蟆钻到烂泥里，蜥蜴躲到了树墩脱落的树皮下，然后开始冬眠……野兽们都各自忙起来，有的穿上了暖和的皮大衣，有的忙着把自己洞里的仓库装满粮食，有的正在给自己安排住所。大伙儿都在为过冬准备着……

秋天，户外的天气有七种：播种的天气、落叶的天气、阴沉的天气、泥泞的天气、大风怒号的天气、倾盆大雨的天气，还有一种把枯叶卷地而起的天气。

森林要闻

准备过冬

严寒还未到来，但不可大意啊，只要寒气袭来，大地和水就会瞬间冰冻起来。到那个时候，你还去哪儿找食物，去哪儿藏身啊？

森林里的每一个居民都按照自己的方式准备过冬。

忍受不了饥饿与寒冷的，都挥动着翅膀飞往可以避寒觅食的地方去了。留下来的，都在忙着准备过冬的粮食，把自己的仓库装得满满的。其中，最忙碌的要数短尾田鼠了。它们有的直接在禾草堆里或者粮食垛下挖掘过冬的小窝，每到夜里，就不停地从那里偷运粮食。每一个小窝都有五六个小过道，每一个过道都通向一个洞口，地底下还有一间卧室和几个粮仓。

田鼠们要到冬天最寒冷的时候才进入冬眠期，因此，它们有充足的时间储备大量粮食，在一些小窝里已经收集了四五公斤的精选谷粒。

这些小啮齿科动物专门在庄稼地里偷粮食，所以我们应该防止它们靠近我们的庄稼地。

年轻的过冬者

树木和多年生的草本植物，都在准备着过冬。一年生的草本植物已经播撒了自己的种子。但并不是所有一年生草本植物都是以种子的形式来过冬，有些在未过冬时已经发芽了。很多一年生的杂草会在松过土的菜园里生长起来。在光秃秃的黑土地上，我们可以看到一簇簇长着锯齿的荠菜叶子；像荨麻一样，毛茸茸的、紫红色的野芝麻叶片；还有小巧玲珑的香母草、三色堇、遏蓝菜；当然还有惹人厌烦的繁缕。所有这些植物都在努力为过冬做准备，它们在积雪下生长直至来年秋天。

尼·帕夫洛娃

谁来得及过冬

雪地上，一棵枝椏繁盛的椴树很是显眼，它像一个棕红色的斑点，很容易同周围的树木区分开。但是呈现棕红色的不是它们的叶子，而是靠近坚果的像小舌头般的小翅膀。椴树大大小小的树杈上，到处长满了这种带着翅膀的小坚果。

并不是只有椴树才这样装饰自己。你看，这高大的梣树，树上挂了多少干果啊！那些干果又细又长，像小豆芽一般，密密麻麻地悬挂在树上。

在所有树木中，最漂亮的要属花楸树！直到现在，花楸树上还挂着一串串鲜艳的、沉甸甸的浆果！同样挂着浆果的还有小檗树。

卫矛的果实显出了惊人的美丽，像是朵朵长着黄色雄蕊的玫瑰花。

瞧，这里有些乔木在冬天来临之前还没有做好传宗接代的准备。

在白桦树的枝头，有一束束风干了的柔荑花序，里面还藏着一些翅果。

赤杨的黑色果球还没有成熟落地。但是白桦树和赤杨都已经为来年的春天做好了准备，长出了柔荑花序。等春天一到，柔荑花序就会伸长茎段，张开鳞片，结出花蕾。

榛子树上也有柔荑花序，那些柔荑花序很粗，呈暗红色，每根树枝上都有两对。不过，在榛子树上早已找不到榛子了。榛子树已经做好了该做的一切，它跟它的后代告别过后，正等待着春天的到来。

尼·帕夫洛娃

储藏蔬菜

夏天的时候，短耳朵水鼠住在自己建起来的小河边的别墅里。别墅底下有一间住宅。住宅门口斜着向下开了一条通道，直通到河里。

现在，水鼠为自己准备了一间舒适而温暖的冬季住宅，住宅离水比较远，是在一个长着很多草墩的草场上。从住宅向外还挖了几条一百多步的地下通道。住宅的卧室建在一个很大的草墩的正下方，里面铺满了柔软暖和的干草。储藏室和卧室间通过特殊的过道相连接。

储藏室里的摆放十分整齐。水鼠把从庄稼地里和菜园里偷来的谷物、豌豆、葱头、蚕豆、马铃薯等分门别类地安放在储藏室里，一切都井井有条。

松鼠的晒台

松鼠在树上筑了几个圆圆的窝，它选择其中的一个窝当粮仓，把从林中收集来的坚果和果球储藏在里面。

除此之外，松鼠还采了一些蘑菇——油蕈和白桦蕈。它把蘑菇穿在折断的树枝上晒干。到了冬天，就可以跑到树干上，用干蘑菇充饥了。

活的储藏室

寄生蜂给它的孩子找了一个神奇的储藏室。它有一对飞速扇动的翅膀，向上卷曲的触角下生着一双敏锐的眼睛。它那非常纤细的腰部把胸部和腹部分成了两截，在它腹部下方的尾巴尖处，长着一根又细又长又直的像缝衣针般的尾针。夏天，寄生蜂找到一条肥大的蝴蝶幼虫，径直扑上去，用尾尖上的针在幼虫身上钻个洞，刺进幼虫的身体里，然后在那个小洞里下了一个卵。

寄生蜂下了卵就飞走了，蝴蝶幼虫很快从惊吓中清醒过来，继续吃它的树叶。当秋天来临时，幼虫结了茧，变成了蛹。

这时，在蝴蝶蛹体内的寄生蜂的幼虫，也从卵里孵化出来了。这坚固的茧是那样温暖而安全，里面的食物足够吃上一年了。

当夏天再次来临，茧打开了，但是从里面飞出来的并不是蝴蝶，而是一只身体细长、全身呈黑红黄三色的寄生蜂。寄生蜂是我们人类的朋友，要知道，它们用这种方法杀死了许多害虫。

自己是储藏室

许多野兽并不会给自己建造专门的储藏室，因为它们自己的身体就是储藏室。

在秋天的这几个月里，它们拼命地吃东西，把自己吃得肥肥胖胖，全身布满脂肪，这就是它们过冬的储藏室了。

要知道，脂肪就是过冬的粮食储备。脂肪在皮下积成厚厚的一层。等到寒冬找不到东西吃的时候，脂肪就会透过肠壁，渗透到血液中去。然后，血液通过循环系统把养料输送到全身。

熊啊、獾啊，蝙蝠啊以及其他大大小小的野兽，都是这样做的。它们沉沉地睡过了整个冬天，直到来年春天才醒来。因为脂肪在体内不停地燃烧，不让寒气渗透到身体里去。

贼偷贼的冬粮

森林里的长耳猫头鹰是狡猾的窃贼，可是它自己竟然被另一个贼给偷了。

长耳猫头鹰的模样和雕差不多，就是体型小了一点。它的嘴巴像弯钩，头上的几撮羽毛竖立起来，眼睛又大又圆。不论夜里有多黑，它的双眼看什么都清清楚楚，双耳听什么都听得分明。老鼠在枯叶堆里一发出窸窸窣窣的声响，长耳猫头鹰就立刻飞到了跟前。只听“嗖”的一声，老鼠就被抓到了空中。小兔子在林中空地上跑过，这个黑夜强盗已经飞到了它的上空，伺机捕杀，又是“嗖”的一声，小兔子已经死在了它的利爪之下。

长耳猫头鹰把死老鼠拖回自己的树洞，它自己不吃，也不给别人吃，留着，在冬天找不到东西吃时再吃。

白天的时候，它待在树洞里，看守着自己储藏的食物；夜晚，则飞出去寻找猎物。在此期间，它还时不时地飞回到树洞里，看看自己的东西有没有被谁动过。

一天，它忽然发现自己储藏的食物似乎变少了。它的眼睛相当尖锐，虽然它不会数数，但是用眼睛一看，便知道食物体积的增减。

黑夜来临了，长耳猫头鹰的肚子饿了，便像往常一样飞出去寻找猎物。

等到它回来时，树洞里一只老鼠都没有了，只看见树洞底下有一只长度和老鼠差不多的灰色小野兽在蠕动着。

它想抓住这只小野兽，可是这只小野兽快速窜过树洞下的一条裂缝，从地上溜走了，嘴里还叼着一只小老鼠！

猫头鹰立刻追了过去，在差不多要追上的时候，它仔细一瞧那个小偷，就决定不再去追要老鼠了。原来这小偷是比它还要凶猛的伶鼬。

伶鼬专靠抢劫为生，虽然它看起来个头很小，但是却勇敢而灵活，所以敢从长耳猫头鹰那里抢东西。如果被伶鼬的牙齿咬住了胸脯，就休想再挣脱活命了。

夏天又回来了？

刚才还是寒风凛冽、冰冷刺骨，可现在，太阳突然探出了头，天气暖融融的。似乎不经意间，夏天又回来了。

草丛下面，黄色的蒲公英和报春花又探出了头。蝴蝶在空中翩跹起舞，蚊子聚成了柱状，在空中不停地旋转。不知从哪儿飞来了一只小巧玲珑的小鸟儿——敏捷的小鹪鹩，它翘着尾巴唱起歌来，那歌声多么饱含激情，多么清脆嘹亮！

从高耸的云杉树上，传来了低沉、忧伤而又哀婉的歌声，如同雨点打在水面上一般："结——清——卡！结——清——卡！"

如果你听到了这些歌声，你会忘记冬天很快就会到来这件事。

青蛙受惊了

池塘，连同池塘里的居民，都被冰层覆盖住了。可是有一天，温度突然升高，冰面都融化了。农民们决定清理一下池底，他们从池底挖出一堆淤泥，然后就离开了。

阳光很耀眼，烘烤着大地，烤得泥堆很快散发出水蒸气。忽然，一团淤泥竟然微微动弹起来了，从淤泥堆里弹了出来，沿着地面滚动，这是怎么回事儿？

一条小尾巴从小泥团里伸了出来，在地上不停地抖动着。它抖动着，抖动着，然后扑通一声跳回到池塘里去了。接着，第二只、第三只……也都跟着跳了下去。

可是，另一个小泥团却伸出了小腿儿，从池塘边上跳着离开了，真是奇怪！

不，这些不是真正的小泥团，而是些鲜活的满身裹着烂泥的鲫鱼和青蛙。

它们本来是准备钻到淤泥里过冬的，农民们把它们连同淤泥一起挖了出来。太阳不断烤晒着淤泥堆，鲫鱼和青蛙都苏醒过来了，开始跳跃起来。鲫鱼跳回了池塘，青蛙去找一个清净的地方，以免睡得好好的，又被人挖了出来。

现在，这几十只青蛙仿佛是商量好一般，都朝同一个方向跳了过去。那里，在晒场和大路的另一边，有一个池塘，比之前的那个更大、更深。青蛙们很快就跳到了大路上。

但是在秋日里，太阳的温暖爱抚是不可靠的。

没一会儿，乌云飘了过来，遮住了阳光。寒冷的北风随之而来。那些赤裸身体的小旅行家们被冻坏了，它们挣扎着跳了几下，就倒在了地上。它们的脚麻木了，血液也凝固了，全身都僵硬了。

青蛙再也不跳动了。

所有青蛙都冻死了。

所有的青蛙，头部都朝着同一个方向，朝着大路那边的大池塘。那个大池塘里有能救命的暖和的淤泥，但是它们，已经无力再跳到那里了。

红胸小鸟儿

夏日的一天，我在森林里走，听见茂密的草丛里有什么东西在跑。我先是吃了一惊，然后开始仔细观察着。只见一只小鸟被青草绊住了脚，挣脱不了了。这只小鸟儿身材娇小，全身都是灰色的羽毛，只有胸脯是红色的。我拿起它，把它带回了家。这只小鸟儿让我非常喜欢。

到家后，我给它吃了点儿面包屑。它吃饱了就高兴起来。我给它做了个笼子，每天捉些小虫子喂它。它和我一起度过了整个秋天。

有一天，我离开家出去玩，忘记把笼子关好，我家的猫就把这只小鸟儿吃掉了。

我很爱我的小鸟，为此，我难过地哭了一场，但是我又能做什么来弥补呢？

森林通讯员　奥斯塔宁

我逮住了一只松鼠

松鼠有一件担心的事情：夏天时要收集粮食，冬天时把它们吃完。我曾经观察到这样一个场景，一只松鼠从云杉树上摘下来一个球果，然后把它拖到洞里去。我在这棵树上做了记号，之后，我们把这棵树砍伐了，并把松鼠掏了出来，在树洞里我们发现了很多球果。我们把松鼠带回家，饲养在笼子里。一个小男孩把手指伸到笼子里去，却被松鼠一下子咬穿了。它的牙齿就是这样锋利！我们给它弄来了许多云杉球果，它很喜欢吃这些，但它最爱吃的还是榛子。

森林通讯员　尼·斯米尔诺夫

我的小鸭子

我妈妈把三枚鸭蛋放在了一只抱窝的母火鸡身下。

到了第四个星期，孵出了几只小火鸡和三只小鸭子。在它们长大之前，我们把它们放在暖和的地方饲养。直到天气变暖，我们才第一次允许火鸡妈妈带着小火鸡和小鸭子们到外面闲逛。

我们家附近有一条水沟。小鸭子们一看见水就摇摇摆摆地走近水沟，游了起来。火鸡妈妈急忙跑过去，叫着："哦！哦！"但是小鸭子没有搭理它，它见小鸭子们在水里安安静静地游着，就放下心来，带着自己的小火鸡们离开了。

小鸭子们游了一会儿，觉得身上冷了，就从水里跳上了岸。它们嘎嘎叫着。浑身哆嗦，却找不到可以取暖的地方。

我把它们放在手心上，用手帕盖好，带回到屋里去。它们立刻安静下来，就这样，它们和我住到了一起。

每天一大清早，我就把三只小鸭子从家里放出去，它们会立刻跳到水里，等它们感觉到寒冷时，就跑回家来。它们的翅膀还没长好，还不能飞上台阶，只管叫唤着喊人帮忙。有人路过，把它们拎起来放在台阶上，它们就会径直跑到我的床边，并排站着，伸长脖子，不断地叫唤着。我还在睡觉呢。妈妈把它们拎到床上，它们就钻到我的被窝里，也睡着了。

秋天临近的时候，小鸭子们都长大了，而我被送到城里去上学。妈妈说，我的小鸭子们非常想念我，老是叫唤。听到这个消息，我流了不少眼泪。

森林通讯员　维拉·弥赫叶娃

星鸦之谜

在我们这儿的森林里有一种乌鸦，它们比普通的灰乌鸦小一点儿，全身布满白色的小斑点。我们管它们叫“星鸦”，而在西伯利亚，它被称为“星乌”。

它们把采集的松子藏在树洞和树根底下，准备冬天吃。

冬天，星鸦从一个地方飞到另一个地方，从这片森林飞到另一片森林，饿了就吃自己储存的粮食。

它们吃的是自己储存的粮食？并不是。它们吃的，都不是自己储藏的松子，而是它们的亲戚储藏的。每当它们飞到一片它们没有去过的小树林，就立刻开始寻找别的星鸦在那片树林里储藏的松子。它们偷窥所有的树洞，在树洞里寻找松子。

藏在树洞里的松子很好找。可是有的星鸦把自己过冬的粮食藏在树根或灌木丛下面，这该怎么找啊？要知道，冬天时，整个森林都被大雪覆盖了！可是星鸦们随便飞到一株灌木丛边，扒开下面的雪，就能准确无误地找到其他星鸦藏在那里的松子。这里有成百上千的灌木丛和乔木，它们是怎么知道哪棵树下藏了松子呢？是有什么记号吗？

这一点我们也不知道。

需要想出一切巧妙的办法来试验，弄清楚星鸦到底是凭借什么，可以轻松地在茫茫白雪下准确地找到其他星鸦储藏的松子。

真可怕啊

树上的叶子都掉光了，森林变得稀稀疏疏。

森林里，一只雪兔趴在灌木丛下，身体紧贴着地面，两只眼睛惊慌地向四周张望。它心里非常害怕，周围不断传来窸窸窣窣的声响……是老鹰在树枝上扑打翅膀，还是狐狸的脚掌踩在落叶之上？

这只小兔子的毛色正在变白，身体灰一块白一块的。它正耐心地等待着雪季的来临。周围一片明丽鲜亮，整个森林五光十色，地面上满是黄色、红色和棕色的落叶。

如果这个时候，猎人突然来了怎么办？

要跳起来逃跑吗？往哪里跑呢？干枯的树叶在脚下沙沙作响，仿佛是踩在铁片上一般，说不准，自己要被自己这特殊的脚步声吓疯！

小白兔趴在灌木丛下，把身体尽可能地藏在青苔里，贴在一个白桦树树墩上，动也不动，连大气儿都不敢出，只有两只眼睛紧张地往四方张望。

真可怕啊！

女妖的魔法扫帚

现在，树叶都落光了，只剩下光秃秃的树干。那些曾在夏日里被浓密树叶遮起来的地方，现在都一览无遗了。瞧，远处有一棵白桦树，上面似乎布满了白嘴鸦的巢穴。但是走近一看，那些根本不是什么鸟窝，而是一堆伸向四方的黑色的细树枝，人们管这叫做“女妖的魔法扫帚”。

请回想一下你们读过的任何一个关于女妖和巫婆的童话吧！巫婆乘着扫帚在天空中飞来飞去，并用扫帚扫去自己的痕迹，而女妖则骑着扫帚从烟囱里飞出来。总之，无论是巫婆还是女妖，都没办法离开扫帚。所以，她们会给不同的树涂上一层药，让这些树长出像扫帚一样的奇形怪状的树杈。童话故事里就是这样说的。

那么，这种说法科学吗？当然不科学了！

事实上，树枝上长出这样一丛丛细树枝是由一种疾病引起的，这树上有一种特殊的芽螨或一种特殊的菌类。榛树树枝上的芽螨又小又轻，风可以轻松地把它们吹得满树林都是。芽螨落在哪棵树的树枝上，就会钻到那根树枝的小芽里，在那里面住下来。胚芽是一根嫩枝，是一种带有叶子的茎。芽螨并不会去伤害它们，只会吃芽里的汁液。但是，因为芽已经被咬伤了，被染上了分泌的病毒，于是芽就生病了。等到胚芽开始发育的时候，娇嫩的枝条就会以神奇的速度开始生长，比普通树枝的生长速度要快六倍。

病芽长成一根根短短的嫩枝，嫩枝又会很快长出侧枝。芽螨的幼虫们爬到侧枝上，使那些侧枝又生长出侧枝。于是，不断地分枝，原来只有一个小芽的地方，生长出了一把奇形怪状的“女妖的魔法扫帚”。

当寄生菌的孢子进入芽里，并在里面长大时，就会出现同样的现象。

桦树、赤杨、山毛榉、千金榆、槭树、松树、云杉、冷杉和其他各种乔木、灌木丛上，都可能会长出“女妖的魔法扫帚”。

活的纪念碑

现在正是火热的植树时节。

在这项让人感到快乐，也会对大家有益处的事业中，孩子们当然不会落后于成人。他们小心翼翼地把冬眠中的小树从土里挖出来移植到新的地方去，尽量不伤害到树根。春天的时候，小树从冬眠状态里苏醒过来，不断生长，给人们带来喜悦和益处。每一个栽种或照料过小树（即使只有一棵树）的孩子，都为自己树立了一座神奇的绿色纪念碑——一座永久的、活的纪念碑。

孩子们的想法很好。他们在花园和校园里栽种活篱笆。这些浓密的活篱笆不仅能阻挡尘土和积雪，还可以招来许多小鸟儿。鸟儿将在这里找到安全可靠的藏身之处。夏天时，欧金翅雀、翅胸朱顶雀、黄莺和我们其他的鸣禽朋友将会在这些活篱笆里筑巢，孵化小鸟，并且将会热心地保护我们的花园和菜园，不让害虫和其他昆虫来侵犯。鸟儿们还会给我们带来欢乐的歌声。

一些少先队员在夏天的时候去克里米亚度假，从那边带回来一种有趣的名叫“列娃”的灌木的种子。春天，我们可以用这些种子建造出很好的活篱笆来。在这种篱笆上必须挂一个牌子，上面写上“请勿触摸”几个字。密集的灌木丛排成一堵厚厚的墙，不让任何东西通过。它具有极强的杀伤性，可以像刺猬一样扎人，像猫一样抓人，像荨麻一样扎人。让我们等等看，看有什么样的鸟儿会选中这个厉害的看守来保护自己的安全。

候鸟飞走过冬去了（续完）

不是那样简单!

你可能会说，这再简单不过了，既然鸟儿有翅膀，那它们爱往哪儿飞就往哪儿飞吧。这儿天气渐渐寒冷起来，食物越来越少了，鸟儿们拍拍翅膀，朝南飞了一小段，那儿暖和些。等到那里也变得寒冷起来，就再往南飞一些。总之，随便飞到一个气候适宜、食物丰富的地方过冬去。

实际上并不是这样简单！不知道因为什么，我们这里的朱雀会一直飞到印度去；西伯利亚的游隼却经过印度和几十个适合过冬的炎热地区，一直飞到澳大利亚去。

这就是说，促使候鸟飞过山脉和海洋，到达遥远的地方的原因，并不是饥饿和寒冷这样简单。那可能是一种非常复杂、难以摆脱、无法控制、不知由来的感觉。

大家知道，在远古的时候，我们国家的大部分地区都不止一次遭遇冰川气候的袭击。可怕的死气沉沉的冰河慢慢地覆盖了我们的整片平原，然后又慢慢地退却了，这个过程要持续几百年的时间。后来，冰河再次卷土重来，几乎毁灭了所到之处的所有生物。

但是鸟类凭借它们自己的翅膀拯救了自己。第一批飞走的鸟儿占据了冰河边的区域，下一批飞得离岸边远了一些，第三批离得更远，像是在玩跳背游戏一样。等到冰河退却时，那些因冰河的到来不得不飞走的鸟儿又飞了回来。飞得不远的，最先飞回来；飞得远些的，下批飞回来；飞得再远些的，第三批飞回来——跳背游戏的顺序被颠倒过来了。不过这种跳背游戏玩得很慢很慢——跳一次需

要花费上千年的时间！也许正是因为这巨大的时间间隔，鸟儿养成了一种习性：秋天，在天气日渐寒冷的时候，离开自己的家乡；春天，在和煦的阳光普照大地时，再飞回到那里去。这样一种习惯，经过千年的演变，已经“深入骨髓”了，然后就被永久地保留下来。因此，候鸟每年从北往南飞。还有一个事实也证明了这个猜测——在地球上没有过冰河期的地方，几乎不会出现成群的候鸟进行大规模的迁徙的场景。

其他原因

秋天，并不是所有鸟儿都向南飞——向温暖的地方飞，有些鸟类也向其他的地方飞，甚至有的会向北——向最寒冷的地方飞。

有些鸟儿离开故乡，只是因为大地被积雪深深覆盖，水也完全被冰冻起来了，没有什么东西可吃，饥饿难忍。所以，只要大地出现一丝融化的迹象，白嘴鸭、椋鸟、云雀等等就会马上飞回来；只要江河湖泊上的冰雪有一点消融，鸥鸟和野鸭就重新出现了。

欧绒鸭无论如何也不会留在坎达拉克沙禁猎区过冬，因为在冬天，白海会封上一层厚厚的冰层。它们会往北方飞，因为那里有温暖的墨西哥暖流流过，虽然是更北的地方，可是那里的海水整个冬季都不会冻结。

冬天，从莫斯科向南走，很快就到了乌克兰。在那里，你可以看到白嘴鸦、云雀和椋鸟等鸟类。这些鸟飞去越冬的地方，只不过是比被我们认为是留鸟——山雀、红腹灰雀和黄雀等等的越冬地稍微远一些。要知道，许多留鸟也并不是总待在同一个地方，它们也需要迁徙。只有城里的麻雀、寒鸦、鸽子，森林中的和田野里的野鸡，才会在一年四季都住在同一个地方；其余的鸟儿只是有的飞得近些，有的飞得远点儿。到底根据什么判断哪一种鸟是真正的候鸟，哪一种鸟儿只是做了简单的迁徙呢？

比如说朱雀，这种红色的金丝雀，很难说它只是在做简单的迁徙。金色黄鹂也是一样。冬天时，朱雀会飞往印度，而金色黄鹂会飞往非洲。朱雀和金色黄鹂成为候鸟的原因，似乎和大多数候鸟不一样，它们并不是因为冰河的到来和退却而迁徙，而是由于别的原因。

你观察一下雌朱雀就会发现它看起来和普通的麻雀差不多，只是头和胸脯是红色的。最令人感到惊奇的是金色黄鹂，它全身上下都是纯金色的，却有一对黑色的翅膀。你不禁会想："这些鸟儿的服饰真艳丽啊，在我们北方，它们算是异乡鸟儿吗？它们是来自远方热带的客人吗？"

像，非常像，也许正是如此！金色黄鹂是典型的非洲鸟，朱雀是典型的印度鸟。也许情形是这样的：当这些种类的鸟儿出现了过剩的情况，年轻的鸟儿不得不为自己寻找新的居住地，并在那里繁衍后代。于是，它们开始集体向不是很拥挤的北方迁徙，那里的夏天不算冷，即使是刚出生的羽翼还不丰满的雏鸟，也不会被冻坏。等到天气寒冷，很难觅食的时候，可以再返回故乡。这时候，那里的雏鸟也已经孵化出来，大家和睦地群居在一起，它们是不会赶走同类的。而到了春天，就再飞到北方去。就这样，飞去又飞回，飞回又飞去，一直过了几千几万年，渐渐养成了迁徙的习惯。金色黄鹂往北飞，经过地中海飞往欧洲；朱雀则从印度往北飞，经过阿尔泰山脉和西伯利亚，然后再向西飞，经过乌拉尔山脉再继续往前飞。

对于鸟儿迁徙习惯的形成，还有另外一种观点：某些鸟类逐渐适应了新的环境。就拿朱雀来说，在近几十年里，我们眼见着这种鸟儿不断往西迁徙，一直迁徙到波罗的海的海边。而到冬天时，它们还是按照之前那样回到它们的故乡印度去。

这些关于鸟儿迁徙之谜的假说，告诉了我们一些事实。但是，关于迁徙问题的谜团还有很多没有被揭开。

一只小杜鹃的简史

在圣彼得堡附近，泽列诺戈尔斯克市的一座花园里，有一个红胸鸲的窝。一只小杜鹃出生在这个窝里。

你们不必问，小杜鹃是怎么会独独一个出生在这个老云杉树根旁舒适的小窝里的。你们也不必问，这只小杜鹃给它的养父母——红胸鸲妈妈和红胸鸲爸爸带来了多少烦劳、牵挂和不安。这种辛劳一直要持续到把这只比它们大三倍的馋鬼喂养大了，才算结束。有一天，花园主人走到它们的窝旁，掏出已经羽翼渐丰的小杜鹃，仔细端详了一会儿，然后又放了回去。这可把它的养父母吓得半死。花园的主人发现，在小杜鹃的左翅膀上，一块由白色羽毛构成的斑点，已经很明显地显露了。

小个儿的红胸鸲夫妇费尽了千辛万苦，终于把它们的养子给养大了，但是小杜鹃即使出窝了，再见到它的养父母时还是会张大红黄色的大嘴巴，沙哑着嗓门讨要吃的东西。

十月初，花园里的树木大多数都光秃秃的了，只有一棵橡树和两棵老槭树还没有落尽色彩鲜艳的叶子。这时，小杜鹃不见了，像一个月前所有成年杜鹃从我们的树林里消失那样。这一年的冬天，这只小杜鹃和我们这里的其他所有杜鹃一样，是在南非度过的。夏天飞到我们这里来的杜鹃是在那里出生的。

而在今年夏天，就在不久前，我们的花园主人看见一棵老云杉上停留着一只母杜鹃。他担心它会拆毁红胸鸲的窝，就用气枪把它打死了。

这只杜鹃的左翅膀下面，正有块白色斑点清晰显露。

我们正在破解迁徙之谜， 但还是被一些谜团缠绕

关于候鸟迁徙起源的假设也许是正确的，但下面这些问题该如何解释呢?

第一，候鸟的迁徙之路，往往达到数千俄里。它们是怎么会知道这条路的呢?之前我们认为，在秋季迁徙的时候，每一个鸟群中，都至少会有一只老鸟，带领着年轻的鸟群，沿着它熟悉的路线飞行，从栖息地飞往越冬地。但是我们所观察的事实证明：在今年夏天才在我们这里孵出的年轻鸟群里，连一只老鸟也没有。有些种类的鸟群，是年轻的鸟儿比年老的鸟儿先飞走；而另一些种类的鸟儿，则是老鸟比年轻的鸟先飞走。但无论是何种情况，年轻的鸟儿都能如期飞抵越冬地，不会发生任何错误。

这很不可思议——老鸟的头脑就那么一点点大，怎么能记住千百俄里的路程呢?就算是这个小小的脑子能记住，那些两三个月前才出世的幼鸟雏鸟呢?它们还没见过世面！这真是太匪夷所思了！

我们就以泽列诺戈尔斯克的那只小杜鹃为例吧，它怎么会找到杜鹃在南非过冬的地方呢?几乎所有的老杜鹃，都比它早一个月从

我们这儿飞走了，并没有任何老鸟来给那只小杜鹃领路。杜鹃是一种生性孤僻的鸟，从来不成群结队，甚至在迁徙的时候也是如此。小杜鹃是红胸鸲养大的，而红胸鸲是一种飞往高加索过冬的鸟。那么，我们的小杜鹃是怎么飞到南方——我们北方的杜鹃世世代代过冬的地方呢？而且，它飞去以后，又是怎样回到了那个它被红胸鸲从蛋壳里孵出并哺育长大的鸟窝的呢？

第二，年轻的鸟儿怎么会知道，它们应该飞到哪里去过冬呢？

对于鸟类的这个奥秘，亲爱的《森林报》读者们，你们得好好研究一下。说不定，你们这一代还不能揭开这个秘密，得留到下一代才能破解！

要解释这个问题，首先需要放弃如“本能”这类令人费解的词汇，得想出无数个巧妙的试验，才有可能彻底弄明白鸟类的智慧和人类的智慧究竟有什么不同。

集体农庄新闻

空荡荡的田野

拖拉机不再轰轰作响。农庄的亚麻选种工作已经结束，最后几批装着亚麻的货车正向火车站开去。

现在，农庄的庄员们已在考虑来年的收成问题了，考虑是否该种那些由专业选种站为国内各农庄培育出来的黑麦和小麦的优良新品种。此时，田里活儿比较少了，家里的活儿变多了。人们现在把注意力都集中在院子里的牲畜上了。

牛羊群都被赶进了畜栏，马匹也都被赶进了马厩。

田野里变得空荡荡的。一群群灰山鹑开始向人们的居住地聚集。它们有时在谷仓附近过夜，有时甚至还会飞到村子里。

打山鹑的狩猎季节已经过去了。有猎枪的人们现在又开始忙着打兔子了。

昨日

“胜利”农庄的禽舍把电灯打开了。现在白昼时间变短了，为了延长光照时间，农人们决定每晚把禽舍的灯打开，以便给鸡增加活动时间，也延长进食时间。

母鸡们很兴奋。电灯一亮，它们就立刻扑进炉灰里洗澡。一只最爱斗架的公鸡歪起脑袋，用左眼打量着电灯，叫道：“咯！咯！咯！——要是你挂得低一点，我就拿嘴啄你一下！”

营养好， 味道也好

粉碎了的干草，是饲料中最好的调味品。拿来做调味品的干草，都是用上等干草加工制成的。

吃奶的小猪，如果你们想让它们快点长成大猪，那就拌些营养干草粉在饲料里面。生蛋的母鸡，如果你们想让它们每天“咯咯哒，咯咯哒”地叫——夸耀自己又下了一枚鸡蛋，那么你就喂它们吃这种干草粉吧。

来自“新生活” 农庄的报道

园艺队忙着修整苹果树：需要给它们清理干净并换上新装。因为苹果树身上，除了保留些苔藓作为它灰绿色的胸饰外，其他什么也不需要。园艺队从苹果树身上剥除了这些装饰，以防害虫寄生在果树上。他们还在树干和下面的树枝上涂上了石灰水，这样苹果树就不会再生虫了，也可以使它们避免被阳光灼伤，被寒气侵袭。现在，所有苹果树都穿上了白色的衣装，看起来非常漂亮。难怪队长开玩笑说：“我们得在国庆节前把苹果树打扮得漂漂亮亮的，我们还要带着这些‘美人’去参加国庆游行呢!”

百岁老人采蘑菇

在“黎明”农庄居住着一个百岁老奶奶阿库丽娜。我们《森林报》的记者去采访她的时候，她不在家，去采蘑菇了。回来的时候，她带回了满满一口袋蜜环菌。她对我们说：“那些单独生长而且躲开人眼睛的蘑菇我已经找不到了——我的眼睛不行了！而我采回来的这种蜜环菌，都是成片成片的，有成百上千朵。我很喜欢这种蘑菇，这种蘑菇还有一种习性，就是喜欢爬到树墩上，好让自己更显眼，这种蘑菇是最适合我这样的老太婆采的。”

冬前播种

在“劳动者”农庄里，菜农正在田地里播种莴笋、洋葱、胡萝卜和香芹菜。种子播撒在冰冷的土里，能发芽吗？如果您相信队长孙女儿的话，种子对这种安排是非常不满意的。小姑娘说，她听见种子们在大声抱怨：“你们播种你们的吧，反正在这么冷的泥土里我们就不发芽！你们爱发芽就自个儿发芽去吧！”

不过菜农之所以这么晚播下这些种子，正是因为它们在秋季已经不能发芽了。

这样，等来年春天一到，它们就将早早发芽，早早成熟，菜农也就能早早收获莴笋、洋葱、胡萝卜和香芹菜，这可是件好事啊！

城市新闻

在动物园里

动物园里的鸟兽们从夏季的露天住宅搬迁到冬季住宅里了。它们过冬的笼子非常暖和。因此，任何野兽都不打算进入漫长的冬眠状态。

动物园笼子里的鸟不能飞往越冬地。一天之内，它们都被管理员从寒冷的地方搬到暖和的地方去了。

没有螺旋桨的飞机

这几天，我们城市的上空总飞翔着一些奇怪的“小飞机”。行人常常在街心驻足，仰头张望，带着些异样的目光，注视着天空中飞行的“机群”，看它们缓慢地盘旋。他们边看边彼此询问着：

“您看见了吗?”

“看见了，看见了。”

“真奇怪，怎么听不见螺旋桨的转动声呢?”

“或许是它们飞得太高了，您看它们多么小啊!”

“即使飞低了，您也是听不到螺旋桨的声音的。”

“为什么呢?”

“因为它们根本没有螺旋桨。”

“怎么会没有螺旋桨呢! 那这是什么? 新型飞机吗? 怎么称呼呢?”

“那是老鹰!”

“您在开玩笑吧，列宁格勒哪来的老鹰!”

“那就是金雕，它们在向南迁徙，现在飞到了我们这里。”

“原来如此，哦，现在我算看清了，是鸟在盘旋。如果不是您说，我还真以为是飞机呢，这鸟也太像飞机了，它们就算扇一扇翅膀也好啊……”

赶快去看看

在涅瓦河上的施密特中尉桥边、彼得巴甫罗夫斯克要塞附近，还有其他的一些地方，最近几个星期以来，经常可以看到各式各样形态和颜色各异的野鸭。

有同乌鸦一样黑的黑海番鸭，有鼻梁凸起、翅膀上带有白斑的斑脸海番鸭，有尾巴像伞骨那样撑开的长尾鸭，有黑白两色相间的鹊鸭。

它们对都市的喧哗一点儿都不害怕。

甚至当载货的黑色货轮的铁制船头破浪前行，向它们直冲而去的时候，它们也不害怕。它们只需要往水里一钻，然后在离开原处十来米的地方重新钻出水面。

这些潜水鸭都是沿着海上飞行线迁移的候鸟。它们每年两次到我们的城市来做客，春天来一次，秋天来一次。

待到拉多加湖中的冰块流到涅瓦河里的时候，它们就飞走了。

鳗鱼的最后一次旅行

大地已经是一片秋色，很快，秋天也潜入了水底。水越来越冷了。

老鳗鱼出发去做它们的最后一次旅行。

它们从涅瓦河动身，经过芬兰湾，再经过波罗的海和北海，游到深深的大西洋。

它们再也不会回到这条度过了一生的河里。它们都在深达几千米的大西洋洋底找到了自己的葬身之地。

不过，在它们死去之前会产卵。在海洋深处，并不是我们想象的那样寒冷，那里的水温大概有七摄氏度。不久，老鳗鱼产出的鱼子都将在那里变成像玻璃一样透明的小鳗鱼。这几十亿条小鳗鱼将踏上遥远的征途，它们需要历经三年时间，才能游进涅瓦河河口。

它们将在涅瓦河河口长大，变成大鳗鱼。

林野特辑

带着猎狗走在黑色的土路上

在一个清新的秋天的早晨，一个猎人扛着枪走在田野上。他用一根短皮带牵着两条被紧紧拴在一起的猎犬，这两只猎犬很壮实，前胸很宽，黑色的皮毛里夹着棕红色斑点。

猎人走到小树林边，解开皮带，把猎狗放向了那座小树林。两只猎犬都朝着灌木丛冲了过去。

猎人悄悄地沿着树林边向前走，选择自己站立的位置。

他在灌木丛对面的一个树墩后面站立住了，那儿有一条隐隐约约的小路从树林子里延伸出来，直通向下面的小山谷。

他还没来得及站稳，猎狗就已经嗅到了野兽的踪迹。

先叫的是老猎犬多贝瓦依，它的吠声低沉、喑哑。

之后，年轻的猎犬扎利瓦依也跟着“汪汪”叫了起来。

猎人根据狗吠声明白了，这两只狗惊醒并追赶起了兔子。秋天的地面，全部被雨水淋湿了，到处都是烂泥。现在这两只猎犬正在这发黑的烂泥地上，嗅着兔子的足迹，穷追不舍。

狗吠声忽远忽近，因为兔子不停地兜圈子。

叫声又一次近了，猎狗正把兔子往猎人这边赶。

傻瓜！快追啊！你看那长着棕红色皮毛的兔子不是正在小山谷里一闪一闪的嘛！

但猎人错失了机会……

瞧那两只猎犬！多贝瓦依在前面，扎利瓦依伸着舌头跟在它后面。它们俩在小山谷里紧紧地追着兔子。

不过没关系，它们又拐进树林里了。多贝瓦依是一只韧性很强的猎犬，它会盯着踪迹不放，一追到底，不会让猎物逃走。这是一条训练有素的好猎犬！

兔子带着它们兜着圈子跑，又钻到树林里去了。

“反正兔子还会跑到这条小路上来的，”猎人想，“这回我肯定不能放过它。”

周围什么声音都没有了……然后……怎么了？为什么声音分散了？领头犬完全不叫了，只有扎利瓦伊一个在叫。

接着，又是一片寂静……

猎犬多贝瓦依突然又开始叫了，不过它的叫声跟刚才不太一样，更加激烈，更加嘶哑。扎利瓦依也尖着嗓子，上气不接下气地叫了起来。

它们是发现了另外一只野兽的踪迹?!

是哪种野兽呢？肯定不会是兔子。

可能是红色的……

猎人赶快换上了弹药，装上了最大号的霰弹。

一只兔子从小道上窜过，跑到田野里了。

猎人看见了，却没有举枪。

猎犬的叫声越来越近了。一只发出嘶哑的声音，一只发出凶狠而懊恼的尖叫……突然间，在刚才兔子窜过的那条小路上，一只有着火红的脊背、白色胸脯的野兽径直向猎人冲了过来。

猎人把枪举了起来。

那野兽发觉了猎人，忙把自己毛茸茸的尾巴向一边闪去，接着又甩向另一边。

可惜太晚了！

“砰！”只见那火红的皮毛在空中一闪，中弹的狐狸摔倒在地上，四肢摊开。

猎犬从树林里跑了出来，向狐狸扑了过去。它们咬住狐狸火红色的毛皮，使劲儿地撕扯着，眼看着就要把它撕破了！

“放下！”猎人厉声喊道，跑向它们，赶紧从猎犬嘴里夺回了宝贵的猎物。

地下的搏斗

离我们农庄不远的森林里有一个很有名的獾洞。这个洞的年代很久远了。虽然它被人们称为“洞”，但其实并不是那么简单，这是一座被世世代代的獾族掘空了的小山丘。这里面布满了纵横交错的地下交通网。

塞索伊·塞索伊奇带着我去观察这个“洞”。我仔细地考察了这座小山丘，竟然发现了六十三个洞口，这还不包括那些隐藏在山丘下灌木丛里的洞口。

不难想象，在这宽敞的地洞里住着的不仅仅是獾。在几个洞口处，蠕动着一堆堆的甲虫——有埋葬虫、蟑螂和食尸虫。它们在堆积于此的母鸡骨头、黑琴鸡骨头、花尾榛鸡骨头，还有兔子那长长的脊椎骨上忙碌着。獾才不吃这些东西呢！它连母鸡肉和兔子肉都不吃。獾非常爱干净，它从不把吃剩的残渣或别的脏东西丢在洞里或是洞口附近。

兔子、野禽和母鸡的骨头说明了这里还住着狐狸一家，它们是獾的邻居。有些洞都被挖通了，简直成了真正的巷道。

塞索伊·塞索伊奇说：“我们这儿的猎人努力想要把狐狸和獾都挖出来，可是都白忙活了，那些家伙都从地下溜走了，根本挖不出来。”

他沉默了一会儿接着说：“让我们来试一试用烟把这些家伙熏

出来!”

第二天早晨，我、塞索伊·塞索伊奇，还有一位小伙子，我们三个人走到小山丘前。一路上，塞索伊·塞索伊奇总跟那小伙子开玩笑，一会儿叫人家“烧锅炉的”，一会儿又叫人家“火夫”。

我们三人忙了半天才把所有洞口都堵住，只留了小山丘下面的一个和上面的两个洞口没堵。我们把一大堆枯枝、苔藓和云杉的树枝搬到下面那个洞口旁。

我和塞索伊·塞索伊奇两个人分别守住小山丘上面的那两个洞口，然后躲在小灌木丛后面。“烧锅炉的”在下面的洞口点了火。火烧旺的时候，又在火堆上加了许多云杉枝。火堆上顿时冒出刺鼻的浓烟。不一会儿，烟就钻进了洞里，像是进了烟囱似的。

当浓烟从上面的出口处冒出时，我和塞索伊奇两个射击手早就急不可耐了。是机灵的狐狸先窜出来，还是又笨又懒的肥獾先钻出来?也许此时它们都在那地洞里被烟熏迷了眼睛吧?

洞里的野兽可真有耐心!

烟雾首先从塞索伊·塞索伊奇埋伏的灌木丛后面升了起来，不一会儿，我身边的洞口也开始冒烟。

现在不需要再等待太长时间，就会有野兽打着喷嚏跳出来了。更确切地说，应该是跳出来好几头野兽，一头接着一头。我把枪端在肩膀上，决不能让那狡猾的狐狸逃走!

烟越来越浓了。一团团浓烟往外冒，在灌木丛翻滚扩散，熏得我都睁不开眼了，眼泪直流。说不定在我眨眼睛、擦眼泪的时候，野兽就溜走了!

可是野兽还是不出来。

托着肩上猎枪的双手已经太累了，我就把枪放下了。

我们等啊等啊。那个小伙子不断往火堆上添着枯枝和云杉树枝，却还是没有一只野兽出来。

“你觉得它们全都被烟熏死了吗？”塞索伊·塞索伊奇在回家的路上说，“没有，老弟啊，它们没死！烟在洞里是向上升的，它们肯定是钻到更深的地方了。谁知道它们的洞有多深啊！”

这次失败令小胡子的塞索伊·塞苏伊奇非常沮丧。为了安慰他，我跟他提到达克斯狗和粗毛的猎狐犬。这是两种很凶猛的狗，能钻到地洞里去捉獾和狐狸。塞索伊·塞索伊奇听后，忽然来了精神：“你去弄一条这样的猎犬来，不管你想什么办法，反正必须得给我弄一条这样的猎犬！”

我只好答应尽力去给他找一条。

不久之后，我去了列宁格勒。在那里，我没想到我会交了好运：一位我熟识的猎人把他心爱的达克斯狗借给了我。

我回到村里，把小狗交给塞索伊·塞索伊奇，不料他大发脾气地说：“你是什么意思？是来取笑我的吗？就这老鼠大小的东西，不要说是老狐狸了，就是小狐狸，也能把它咬死再吐出来。”

塞索伊·塞索伊奇个子不高，一直对自己的身高非常懊恼，所以对其他小个子，哪怕是条小狗也颇有微词。

达克斯狗的外表确实很滑稽，它长得又矮又小，身子瘦瘦长长，四条短腿歪歪扭扭的。可是当塞索伊·塞索伊奇无意间向它伸过手去时，这条丑陋的小狗居然呲着锋利的犬牙，恶狠狠地咆哮着，朝他猛扑过去。塞索伊·塞索伊奇连忙闪开，说了句：“嘿！好凶的小东西！”然后就什么也没说了。

我们带着这条小狗刚走到小山丘前，它就暴跳如雷地向洞口冲去，险些把我牵着它的那只胳膊拽得脱了臼。我刚把它从皮带上解开，它就钻进黑乎乎的洞穴里不见了。

人类按照自己的需要培育出了一些十分奇特的犬种，而这种个儿不大的善于去地下抓捕猎物的达克斯犬大概就是其中最奇怪的一种了。它的整个体型像貂那样细瘦，再也找不到比它更适合在洞穴中爬行的了；它那弯曲的脚爪能很好地抓挖泥土，牢牢地稳住身体；它那窄长的嘴便于抓住猎物，能一口致命。即便如此，我还是担心地站在洞口边等待，在那黑暗的地下，训练有素的家犬和森林中的野兽将会有怎样血腥的厮打呢？万一小狗进了洞里出不来了怎么办？我还哪里有脸去见这位爱犬的主人呢？

地下的追捕活动正在进行之中。尽管隔着一层厚厚的泥土，我们还是能听到地下响亮的狗吠声。猎犬的叫声似乎是从远方传来的，而不是来自我们的脚底。

然后叫声越来越近，也越来越清晰了。那声音因狂怒而变得嘶哑。叫声更近了……但突然又远去了。

我和塞索伊·塞索伊奇站在山冈上，手里紧捏着没有用处的猎枪，握得手指头都痛了。狗吠声一会儿从这个洞里传出，一会儿从那个洞里传出，有时还会从另一个洞里传出。

突然叫声戛然而止。

我知道这意味着：小猎犬一定在黑暗的地道里追上了野兽，正在和它厮杀呢！

这时我才想到，猎人采用这种办法打猎的时候，通常应该带上铲子，等猎犬在地下跟野兽交战时，就赶快去挖它们上方的土，这样，一旦猎犬在搏斗中处于劣势，我们还能帮上忙。当搏斗在靠近地表的某处进行时，这个方法就可以用上了。可是我却没有任何准备。况且在这个连烟都没能把野兽熏出来的深洞里，这个方法还能对猎犬有什么用呢？我该怎么办才好！我心里越来越不安，达克斯狗一定会被野兽们杀死在深洞里的，也许这时候它需要对付好几头野兽呢！

忽然嘶哑的狗叫声又传来了。

不过，我还没来得及放宽心，狗叫声又停止了。这回彻底完了！

我和塞索伊·塞索伊奇默默地站在这条英勇的猎犬的坟墓上。

我还不忍离开。塞索伊·塞索伊奇首先开了口：“老弟，咱们干了件愚蠢的事情！看来这猎狗是遇上老狐狸或是老獾了。”

他迟疑了一下，又接着说：“怎么样？要不咱们走吧，还是再等一会儿？”

出人意料的是，此时从地下传来了一阵窸窸窣窣的声音。

紧接着洞口出现了一条尖尖的黑尾巴，然后又有两条弯曲的后腿和一条细长的身躯，达克斯狗艰难地往外移动着，它身上满是泥污和血迹。我高兴地奔上前去，抓住它的身体往外拖。

随着小狗从黑漆漆的洞里露出的是一只肥胖的老獾，它一动不动了。狗拼命咬住了它的脖子，凶狠地甩着，许久都不肯松口，好像怕它再活过来似的。

公告

人人都能做的事情

要讨回被啮齿动物从田里偷走的上等食物，只需要学会寻找并挖掘田鼠的洞穴。

本期《森林报》报道了这些有害的动物从田间偷了许多精选的食物，然后搬到自己的粮仓的故事。

请勿打扰

我们为自己准备了温暖的过冬居室，然后在那里一直冬眠到春天来临。

我们没有打扰你们，所以也请你们让我们好好休息吧。

熊、獾、蝙蝠

秋·第三期

冬日客至之月

11月21日—12月20日

太阳落入人马星座

一年是一部分成十二个月的太阳诗篇

冬天的前奏曲

十一月份，一半像秋天，一半像冬天。十一月是九月的孙子，十月的儿子，十二月的兄弟。十一月，树上插满了像是大钉子一样的落光了树叶的树杈；十二月，湖面上铺满像是桥梁一样的冰。十一月骑着有斑纹的马出门：地面是一片雪地，一片烂泥地，接着又是一片烂泥地，一片雪地。十一月可是个颇有能耐的铁匠，他的铺子虽不大，但他制造的一副副枷锁能把辽阔的俄罗斯铐起来：水塘和湖泊表面全都结上冰了。

秋天开始做它的三件事——让森林的衣服全部脱落下来，给水戴上镣铐，再用白雪给大地穿上新衣。这时，森林不再是个让人感觉舒适的地方。树木黑漆漆的，光秃秃的，被雨水从头到脚淋了个透湿。河上的冰亮晶晶的，可要是你伸腿儿踩上一脚，脚下便发出清脆的碎裂声，一不小心，就得尝尝掉进冰水的滋味。所有翻犁过的土地都盖上了雪被，一切秋播作物都不再生长了。

不过，现在还不是冬天，只是冬天的前奏。几个阴天以后，偶尔还会有阳光灿烂的日子。你看，当阳光普照大地的时候，万物多么高兴啊！一群群黑色的小蚊子和小苍蝇从树根下爬了出来，飞到天空中去，一朵朵金黄色的蒲公英和款冬花——它们还都是春天的花——在脚边绽放开来！积雪渐渐融化……但是，树木已经沉沉地睡去了，什么感觉也没有了，直到来年春天，它们才会醒来。

现在，伐木的季节来到了。

森林要闻

森林里也不会死寂一片

凛冽的寒风在森林里肆虐。落光了树叶的白桦、山杨和赤杨在寒风中剧烈地晃动着，吱吱作响。最后一批迁徙的候鸟正与家乡匆匆告别。

我们这里的夏鸟还没有完全飞走，冬天的客人就已经来临了。

每一种鸟都有自己的口味和习性，有些候鸟飞往高加索、外高加索、意大利、埃及和印度去过冬，而有些候鸟却宁愿留在我们列宁格勒州过冬。在我们这里，它们觉得冬天很温暖，而且有足够的食物填饱肚子。

飞花

赤杨黑魆魆的枝桠孤零零地伸向天空，树枝上没有一片树叶，地面上没有一根青草，一片凄凉的景象！懒洋洋的太阳艰难地从灰色的云层后面露出脸来。

但突然间，在赤杨黑魆魆的枝条上飞舞起许多鲜艳的花朵。这些五色缤纷的花儿大得出奇：有白花花的，有红彤彤的，有绿茵茵的，有金灿灿的。它们有的落在赤杨黑色的枝头上，有的粘在桦树的白色树皮上，有的坠落在地上，有的在空中舞动着美丽的翅膀。

它们用芦笛般美妙的音乐声相互呼应着。它们从地面飞上树枝，从一棵树飞向另一棵树，从一片小树林飞进另一片小树林。

它们是谁？它们从哪里来？

来自北方的鸟

这些是我们冬季的客人——来自遥远北方的小鸣禽。这里有些是红胸脯、红脑袋的白腰朱顶雀，有些是烟灰色的太平鸟——它们的翅膀上有五道红色的羽毛，像是向上撑开的五根手指，头顶上还有一簇冠毛，有些是深红色的松雀，还有些是绿色的雌交嘴雀和红色的雄交嘴雀。它们之中，还有金绿色的黄雀、黄羽毛的极北金翅雀，以及胖嘟嘟的、有鲜红色胸脯的红腹灰雀。我们本地的黄雀、极北金翅雀和红腹灰雀，全都飞到较为暖和的南方去了。这些在北方做窝的鸟，已经无法忍受此刻北方的寒冷，倒觉得我们这儿是温暖之乡。

黄雀和白腰朱顶雀开始以赤杨和白桦的种子为食。凤头太平鸟、红腹灰雀则以花楸果和其他浆果为食。交嘴鸟吃松子和云杉的果球，它们都吃得饱饱的。

来自东方的鸟

低矮的柳树上突然开出了茂密的白玫瑰花儿。这些白玫瑰花在树丛间飞来飞去，在树枝间不停地转悠，用它们细长的黑色脚爪，一会儿这儿扒扒，一会儿那儿抓抓。它们那花瓣儿一般的白色小翅膀在空中不住地扑扇着，轻柔的欢叫声响彻了天际。

这是山雀的一种，叫白山雀。

它们不是从北方飞来的，而是经过乌拉尔山，从东方，从那寒风呼啸的冰雪地带西伯利亚来到我们这里。那里早已经是冬天了，矮小的河柳丛统统都被埋在深深的积雪里了。

到睡觉的时候了

乌云遮蔽了太阳，空中洒落着湿漉漉的灰雪。

一只胖獾气呼呼地哼着，摇摇摆摆地朝自己的洞口走去，它满肚子怨气：森林里满是泥泞。该是钻到深洞里睡觉的时候了——它的沙土洞既干燥又温暖，多舒服啊！

一种叫北躁鸦的小乌鸦，在丛林里打起架来。它浑身湿淋淋的，羽毛一根根竖立起来，闪烁着咖啡渣的颜色，时不时发出尖利的叫声。

一只老乌鸦在树梢头上蹲着，忽然大叫了一声，原来是看见了远处有一具野兽的尸体。它扑起蓝黑色翅膀，闪电般飞了过去。

森林里一片寂静。灰蒙蒙的雪花沉沉地坠落在黑漆漆的树木和褐色的土地上。地上的落叶在悄悄腐烂。

雪越下越大。雪花像鹅毛般飘落下来，洒落在黑色的枝桠上，给大地披上了银装……

在严寒的笼罩下，我们列宁格勒州的河流一条接一条地结上了冰：伏尔加河啊，斯维里河啊，涅瓦河啊。最后，连芬兰湾也结上了厚厚的冰。

摘自少年自然界研究员的日记

最后的飞行

在十一月的最后几日，当寒风把雪吹卷成堆的时候，忽然天气变暖和了。但是，积雪并没有融化。

早晨我到外面去散步，看见雪地上、灌木丛里、大路上、树木间到处都飞舞着黑色的小蚊虫。它们有气无力地从下方某个地方升了起来，飞成一个半圆圈——仿佛是被风吹送着似的，尽管当时一丝风也没有，然后侧着身子落在雪地上。

午后，雪渐渐开始融化了，树枝上的雪啪啪地落下来。一抬头，融化的雪水就会滴进你的眼睛里，或是湿冷的雪尘忽然溅到你的脸上。这种时候，往往会有成群结队的黑色的小蚊子和小苍蝇不知打哪里飞了过来。夏季的时节，我还从来没见过这种小蚊子和小苍蝇。小苍蝇欢快地飞着，只是飞得很低，几乎贴着雪地。

到傍晚时分，天气又变得阴冷了，小蚊子和小苍蝇就不知躲到哪里去了。

森林通讯员　维里卡

追逐松鼠的貂

许多松鼠游荡到我们的森林里来了。

它们原来所居住的北方今年歉收，松果不够吃了。

松鼠们分散居住在一棵棵松树上，它们用后爪抓住树枝，用前爪捧住松果啃咬。

一颗松果从松鼠的脚爪中滑落到雪地上。松鼠舍不得那颗松果，气呼呼地吱吱叫着，从一根树枝跳到另一根树枝，蹦跳到了地面。

松鼠在地上一蹦一跳，一蹦一跳，后腿一蹬，前脚一托，一路蹦跳着去找松果。

这时，从一个枯枝堆里，露出一团黑不溜秋的毛皮和两只敏锐的眼睛……松鼠立刻把松果忘到了九霄云外。它急忙窜到眼前的一棵树上，顺着树干飞快地爬了上去。一只黑貂从枯枝堆里跳了出来，跟在松鼠后面追了上去。黑貂也飞快地顺着树干往上爬。松鼠已经跑到了树梢儿。

貂顺着树枝追了上去。松鼠纵身一跳，就跳到另一棵树上去了。

貂把自己细长的像蛇一样的身子缩成一团，背脊高高拱成弧形，也纵身飞跳过去。

松鼠沿树干飞跑。貂在它后面紧追不舍，也沿着树干飞跑。松鼠很灵巧，然而貂更敏捷。

松鼠跑到了树顶，没有再高的地方可跑了，旁边也没有可落脚的树了。

貂步步紧逼……

松鼠从一根树枝向另一根树枝往下跳。貂尾随而至。

松鼠在树梢上蹦跳，貂在较粗的树干上跑。松鼠跳啊跳啊跳啊，已经跳到最后一根树枝上了。

向下是地面，向上是黑貂。

没有其他路可选择了。只能跳到地面上，再爬上别的树。

可是到了地上，松鼠就不是貂的对手了。貂只跳了三下就将它追上，扑倒在地，松鼠就这样一命呜呼了……

狡猾的兔子

半夜里，一只灰兔偷偷地钻进了果园。小苹果树的树皮甜甜的，快天亮的时候，它已经啃坏了两棵小苹果树的树皮。雪花落在它的头上，但它一点也不理会，依然在那儿嚼着、啃着。

村里的公鸡已经叫了一遍、两遍、三遍。狗也在汪汪地叫。

兔子这时才想到，得在人们还没起床的时候跑回到森林里。周围是一片白茫茫的积雪，它那棕红色的毛皮十分显眼。它真羡慕白兔，那家伙全身白白的，多安全啊！

昨天夜里下的那场雪很柔软，所以会留下脚印。灰兔跑过的雪地上留下了一串脚印。它长长的后腿踩下的是拉长的脚跟印，一头大一头小，短短的前腿踩下的是一个个小圆点。它的每一个脚印、每一个爪痕，都清晰地印在柔软的雪地上。

灰兔穿过田野，跑进森林里，身后留下一连串的脚印。灰兔想在饱餐之后在灌木丛中睡上个一两个小时。可糟糕的是：无论它藏到哪儿，脚印都会暴露行踪。

于是灰兔耍起了花招：它开始把自己的脚印弄乱。

村里的人醒来了。主人走进自己的果园一看——天啊！两棵最好的小苹果树都没有树皮了！他往雪地上一看，就什么都明白了：小兔子的脚印留在了苹果树下。他愤怒地举起拳头说："等着瞧吧！我要让你用你的皮来偿还我的树皮！"

他回到屋里，往枪里装上弹药，带着它沿着雪地上留下的足迹追了过去。

就在这儿，兔子跳过篱笆，穿过田野直奔向森林。在森林里，兔子的脚印围着一丛丛灌木兜着圈圈。

这可救不了你，我会把这圈套解开！

兔子绕灌木丛跑了一圈，把自己的脚印切断了。

主人顺着脚后跟的印迹追踪着它。手里的猎枪已经上膛。

他突然站住不动了，这是怎么回事呀？兔子的脚印到此中断了，四周都是平坦的雪地，如果兔子是窜了过去，哪儿也该留下一点痕迹啊！

主人弯下腰仔细查看这些脚印。哈！这是它的新花招：兔子转了个身，踩着自己原来的脚印走了回去。它的每一步都和自己原来的脚印准确重合。不仔细看，是无法看出这些脚印被踩了两遍。

主人沿着脚印往回走。走啊走又回到了田野上。这意味着，刚才是他看走眼了。也就是说，兔子之前肯定还耍了什么花招。

他转过身，再次顺着双重的脚印向前走。啊！原来如此！双重的脚印很快就变成单层的脚印了。这就意味着，兔子就是从这儿跳到一边去的。

这就对了，灰兔直接越过了灌木丛，跳到一边去了。又是一串均匀的脚印，然后又中断了。越过灌木丛又出现了新的双重足迹，接着又是蹦跳的脚印。

现在得四处盯着……还有一处向旁边跳跃的痕迹。灰兔肯定正躺在某一灌木丛下。你尽管耍花招吧，不信你能骗得过我！

灰兔确实就躺在附近。

不过并不是躺在猎人所认为的灌木丛下面，而是躲在一大堆枯枝下面。

灰兔在睡梦中隐约听见沙沙的脚步声。脚步声越来越近了，越来越近了……

它一抬头，就看见有人在枯枝堆上行走。一根黑色的枪管垂向地面。

灰兔悄悄地从洞穴里钻了出来，一下子窜到枯枝堆后面。猎人只看到一个白色的小尾巴从灌木丛一闪而过，然后就看不到兔子的影儿了！

果园主人只好一无所获地回家去了。

隐身的不速之客

一个夜间强盗来到我们的森林里了。想要看到它是件很困难的事儿，夜间太黑，没法看见它；白天时又无法将它跟白雪分辨。它是北极的居民，它披在身上的颜色跟北方那常年不化的积雪差不多。这里说的动物就是北极白鸮。

它的个头与雕鸮差不多，力量却略逊一筹。大大小小的鸟类、老鼠、松鼠和兔子都是它捕食的对象。

它故乡的冻土地带是如此寒冷，几乎所有的野兽都躲进了洞穴，鸟类也都飞走了。

寒冷迫使北极白鸮踏上了迁徙的旅途，来到我们这儿过冬。在春天到来之前它并不打算回去。

啄木鸟的工作场

我们菜园后面长着一大片老赤杨树和老白桦树，还有一棵很古老的云杉树。在云杉树上挂着几个球果。这几个球果招来了一只色彩斑斓的啄木鸟。啄木鸟落到树枝上，用它那长长的嘴啄下一个球果后，就沿着树干往上跳去。它把球果塞进一个树缝里，用嘴啄球果里的籽，把籽啄出来后就把球果壳往下一扔，再接着去采另一颗球果。然后把球果塞在同一个树缝里，之后再去采第三个球果……就这样一直忙到天黑。

通讯员　勒·库波立尔

向熊请教

为了躲避凛冽的寒风，熊就将自己的冬季住宅——熊穴安置在地势低的地方，甚至可能安置在沼泽地上或是茂密的小云杉林里。奇怪的是，如果冬天不太冷，将会出现解冻天气，所有熊都会把熊洞安在地势高的地方，在小山冈上，或是在开阔的高地。这一点被许多代的猎人所证实。

这个道理很简单：熊就害怕解冻天气。确实是这样，如果冬天里有一股融化的雪水流到熊的肚皮底下，当天气又忽然转冷时，结了冰的雪就会把熊那蓬松的皮毛冻成铁一样硬的板条了，到那时该怎么办？这时就不能冬眠了，只能满森林里乱逛，让身子变得暖和起来！

可是如果不睡觉，不停地活动，就会消耗尽身上储藏的热量，就不得不靠吃东西来维持体力。可是一到冬天，熊就没有食物可吃了。所以，当熊预感到暖冬会来时，会挑个高处筑洞，那样即使在解冻天气，它身下也不会弄湿，这一点我们是可以理解的。

可熊究竟是凭借什么预测到这年的冬天是暖冬还是寒冬呢？为什么它还总能在秋天的时候就准确无误地选择在沼泽筑洞或是在山冈上筑洞？其中的原因我们就不知道了。

只能爬到熊洞里向熊请教了！

严格遵守计划

俄罗斯古时候有个谚语：“森林如地狱，谁在森林里干活，死神立刻临头。”

古时候，伐木和砍柴是一项非常艰苦的劳动。伐木工以斧头当武器与绿色的朋友为敌。要知道我们使用锯子是前不久的事，到十八世纪才开始。

一个人一定要有勇士的体力，才能一天到晚挥动斧头砍树；一定要拥有钢铁般的身体，才能在天寒地冻的气候下，白天只穿一件单衣劳动，夜里盖着毯子，在连烟囱炉子都没有的小屋或简陋的小窝棚的炕头睡觉。

在春天的时候工作是更加艰苦的。

整个冬天采伐的树木，此时都得被搬运到河边，等到河水解冻后，再把一根根沉重的原木推到河里去，请流水妈妈将木材运走。而河流也知道该把它们带往何方。

河水将木材运到什么地方，什么地方就会有感谢之声……于是河水两岸就建起了一座座城市。

现在的情况是怎么样的呢？

在我们这个时代，“伐木”、“砍柴”这两个词语的意思已经发生了根本的变化。我们已经不需要用斧头来砍伐树木、来削去它们的树枝。所有这些工作都可以交给机器去做。甚至连森林里的道路，也都是由机器来开辟、铺平的，然后机器再沿着这条林间道路把树木运走。

这机器就是林间履带式拖拉机，它拥有巨人般的力量！

这个由钢铁制成的庞然大物，听从着人类的指挥，它们向无法通行的密林推进，如刈草般推倒一棵棵百年大树。它们轻松地将老树连根拔出，放到两边，推开落到地上的枝桠，铲平地面，开出一条运输道路。

路上载着“流动发电站”的汽车在运输道路上飞奔而来。工人们手拿电锯，走到树前，身后拖着一根像长蛇般的包着橡皮的电线。电锯那尖利的钢齿像刀切割黄油似的锯入坚固的树身里。直径有半米粗的大树只需半分钟的工夫就被锯断了。而这样一棵大树需要足足一百年的时间才能长成。

在方圆一百米之内的树木都被锯倒后，汽车就载着“流动发电站”继续前进。然后一辆强大的运树拖拉机开到了它的位置。运树拖拉机一下子抓起几十棵没有削去树枝的原木，把它们拖到木材运输道路上。

在运输道路上工作的巨大的运树牵引车，将木材运往窄轨铁路。那里已经有一个司机驾驶着一列长长的敞篷车，上面装着几千立方米的原木，开向铁路车站附近或是河边的木材场。在那里，砍伐的木材被加工成原木、木板或是纸浆用料。

在现代，借助机器采伐的木材，会被运到远方的草原村庄、城市和工厂里，会被运到一切需要它的地方。

众所周知，凭借如此强大的技术去采伐林木，必须严格按照全国统一的计划进行，否则，我们这个森林资源最为丰富的国家会渐渐失去森林资源。依靠现代技术去消灭森林，是再简单不过的事了。但是树木的生长速度却是那么缓慢：需要数十年才能长成！

在进行林木砍伐的地方，人们会立刻栽种上不同品种的名贵树木，重新建造一片树林。

集体农庄新闻

丰硕的成果

今年，我们农庄的劳动成果非常丰硕，每公顷收获一千五百公斤对于我们州的许多农庄来说是很正常的事，每公顷收获两千公斤也不是什么稀罕的事情。而那些产量最多的农主将被授予“劳动英雄”的光荣称号。

国家向光荣的田间劳动者的忘我劳动精神致敬，用“劳动英雄”的光荣称号、勋章和奖章来表彰农庄庄员的辛苦劳作成果。

冬天来了。

农庄田里所有的活儿都干完了。

妇女们在奶牛场里工作，男人们正在喂牲口。有猎犬的村民出去打松鼠了。还有很多人去林子里采伐木材了。

一群灰山鹑离农舍越来越近了。

孩子们跑去学校上学。白天布网捉鸟儿，乘滑雪板和雪橇去小山上滑雪。晚上，他们就做作业、看书。

我们比它们更智慧

一场大雪过后，我们发现，老鼠竟然在雪下挖了一条直通我们苗圃中小树苗的地道。可是，我们比它们更有智慧，我们把苗圃里的每棵小树周围的雪都踩实。这样，老鼠就无法钻到小树跟前了。有些老鼠一不留神钻到积雪外面，不等我们数到二就会被冻死。

祸害果树的兔子也会跑到我们的果园里。对此，我们也找到了防御的办法，那就是用稻草和带刺儿的云杉树枝将所有树干都包扎起来，让它们无从下口。

吉马·博罗多夫

挂在细丝线上的房子

有没有可能在一个挂在细丝线上、随风飘动的小屋子里度过整个冬天呢？而且这房子里没有任何取暖设施，墙壁和纸一样薄。

想想吧，这居然也可以！我们见过许多这样简陋的小房子。它们用干树叶做成，用像蜘蛛丝一样细的细丝挂在苹果树枝上。农民们见到它们就会把它们摘下来毁灭掉，原来这些小房子里的居民都是害虫——山楂粉蝶的幼虫。如果留它们过冬，那等到春天，它们肯定会去啃食苹果树上的花蕾和嫩芽。

森林里有灾难也有救星！

昨天夜里，在“光明大道”农庄发生了一起偷盗未遂事件。午夜时分，一只大兔子偷偷钻到果园里，企图啃食小苹果树的树皮，但是苹果树树皮似乎和云杉树树皮一样有刺儿扎嘴。在多次尝试失败后，只好离开“光明大道”的果园，躲到最近的树林里去了。

农民们早就预料到会有来自森林的小偷偷袭果园，所以砍了许多云杉树枝，把自家的苹果树树干武装起来。

棕黑色的狐狸

郊区的“红旗”集体农庄建了一个养兽场。昨天，有一批棕黑色的狐狸被运到这里。一大群人聚拢过来欢迎这些集体农庄的新居民，还有些刚会跑的学前儿童也跟着跑了过来。

狐狸用怀疑的眼光怯生生地看着聚拢过来的人群。只有一只狐狸若无其事地打了个哈欠。

“妈妈!”一个在白头巾上戴了一顶便帽的小男孩叫道，“可别把这只狐狸当围脖围在脖子上，它会咬人的!”

栽在温室里

“劳动者”集体农庄的人们正在挑选小洋葱头和洋芹菜根。

生产队长的孙女儿问道：“这是在给牲口准备饲料吗，爷爷?”

工作队长笑了说：“不是，孩子，你猜错了。我们是要把这些洋葱头和洋芹菜种在温室里。”

“为什么要种在温室里呢?是让它们长高、长大吗?”

“孩子，不是的，是为了让它们常年给我们提供绿色蔬菜。这样冬天我们在吃马铃薯的时候，就能撒上绿色的葱花，也能在汤里吃到洋芹菜的绿菜叶了。”

不需要盖厚被子

上周，有一个外号叫“犟嘴大个儿”的九年级学生米克去“曙光”集体农庄玩。他在一片树莓丛旁遇到了生产队长费多谢伊奇。

“怎么样，老爷爷!您的树莓会不会冻坏啊?”米克装出行家的样子问。

“不会冻坏的。”费多谢伊奇答道，“它们能在雪下平安地过冬的。”

“在雪下过冬?老爷爷，您是不是糊涂了?”米克接着说道，“您的这些树莓长得比我还高呀!难道您指望冬天的时候下这么深的雪吗?”

“只要像平常那样下雪就行。”老爷爷答道，“聪明的孩子，你告诉我，你在冬天时候盖的被子是比你的身长厚呢，还是比你的身长薄呢?”

“这和我的身长有什么关系?”米克笑道,“我盖被子的时候是躺着的呀!明白吗?老爷爷!人们都是躺着盖被的呀!”

“我的树莓也是躺着盖雪被的呀!不过,聪明的孩子,你是在床上躺着;而我的树莓呢,我把它们弯到地上,再将它们一丛丛扎在一起,这样它们就能躺在地上了。”

“老爷爷,您比我想象的要聪明得多啊!”米克说。

“只可惜你没有我想象的那样聪明啊!”费多谢伊奇回答道。

尼·帕夫洛娃

助手

现在,我们每天都可以在集体农庄的粮仓里碰到孩子们。有的孩子在帮助大人们挑选准备春播的种子;有的孩子在菜窖里挑选最好的马铃薯做种。

男孩子们还去马厩和造铁厂里帮忙呢!

许多孩子无论在奶牛场、猪圈、养兔场还是在家禽窝都可以找到自己的帮助对象。

我们在学校里用功读书,在家里帮助大人做些力所能及的事情。

少先队队长　尼古拉·利瓦诺夫

城市新闻

瓦西里耶夫斯基岛的乌鸦和寒鸦

涅瓦河封冻了。现在每天下午 4 点，瓦西里耶夫斯基岛的乌鸦和寒鸦都在思密特中尉桥（8 号大街对面）下游的冰面上聚集着。

鸟儿在一番吵闹后，就又分成好几群，各自飞回瓦西里耶夫斯基岛上的花园过夜了。每一群鸟都住在它们最热爱的花园里。

侦察员

城市花园和墓地里的灌木、乔木需要保护。但是它们遇到了人类很难对付的天敌。那些敌人狡猾、微小、不容易被人发现，连园丁都无法察觉到它们。所以，园丁们只好请专业的侦察员来找它们。

我们可以在城市花园和墓地上看见这些侦察员的队伍。

它们的首领是一只有红帽圈的五彩啄木鸟。啄木鸟的喙很像长矛。它的喙能啄穿树皮。它大声地断断续续地发号施令：“基克！基克！”

跟着它一块儿飞来的是各种各样的山雀：有戴着尖顶帽的凤头山雀；有长得像帽头很粗的小短钉一样的褐头山雀；有黑色的煤山雀；还有穿着浅褐色外套，嘴巴像小锥子似的旋木雀，以及穿着天蓝色制服，胸脯白白的，嘴巴尖利得像匕首一样的鳾。

啄木鸟发出命令：“基克！”鳾重复着它的命令：“特伏奇！”山雀们也跟着做了回应：“奇克，奇克，奇克！”于是整个队伍就开始行动了。

侦察员们迅速地将各棵树的树干和树枝占领了。啄木鸟将树皮啄开，用它那尖利而坚固的缝纫针一般的舌头，将蛀皮虫从树皮中捉了出来。鳾则头朝下围着树干转，看到哪个树缝里有昆虫或是昆虫的幼虫，就将它那把细细的“小匕首”伸进去。旋木雀沿着树干自下而上奔跑，用自己弯弯的“小锥子”啄出虫子。兴致昂扬的灰山雀则成群结队地在枝头兜圈子。它们查看着每一个小洞和每一个树缝，没有一条害虫能逃得过它们那敏锐的眼睛和灵巧的嘴巴。

小屋——牲口槽——陷阱

饥寒交迫的时节到来了，请多为我们那些神奇的小朋友——鸣禽考虑一下吧！

如果你居住的房子有花园或是用栅栏围起的小院，就很容易把鸟儿吸引过来。可以在它们找不到食物的时候喂养它们，在严寒和狂风暴雨的天气里，给它们留一个小地方搭窝。如果你想招来一两只可爱的鸟儿到自己的房间去，那你立刻就有机会将它逮住。为此，你只需造一个小小的鸟屋就行了。

让客人们到小屋围廊的免费食堂里，在那里用大麻籽、大麦、小米、面包屑、肉末、生猪油、奶酪和葵花籽来招待它们吧！如果你能这样做，那么即使你住在大城市里，也会引来那些最有趣的小客人聚集到你的家里。

你可以在小回廊的活动小门和你的小窗户间用一根细铁丝，或是细绳子连接。需要给鸟儿保暖的时候，就一拉细铁丝或是绳子把小门关上。

还可以采用一种更有意思的方法，就是给捕鸟器通上电。

不过，最好不要在夏天的时候捕鸟，万一把大鸟捉走了，幼鸟们就会被饿死了。

林野特辑

捕猎松鼠

第一场雪刚降落，猎人们就出去捕猎松鼠了。

猎人们或是集体行动，或是单独行动，常常在森林里一待就是几个星期。他们乘着又短又宽的滑雪板，从早到晚在雪地上巡视，有时用猎枪打松鼠，有时还要布置和检查捕兽器和陷阱等。

猎人们在土窖里，或是在低矮的小窝棚里过夜，这些住所是被积雪覆盖着的，高度还没有一人高，所以不能在里面直立行走。他们用一种像壁炉似的土炉子做饭吃。

猎人捕猎松鼠的最佳伙伴就是北极犬。没有它，猎人就像失去了眼睛。

北极犬是来自我国北方的一种非常特殊的猎犬。它在冬季的原始森林里进行狩猎的本事当属世界第一，没有任何一种猎犬能和它匹敌。

北极犬能帮你找到白鼬、黄鼬、水獭、水貂的洞穴，能替你把它们咬死。夏季时，它还能帮你从芦苇丛里赶出野鸭，从密林里赶出公黑琴鸡。它们还不怕水，哪怕是冰冷的河水也无法让它们畏惧，当河面结了冰凌，它们还能游进水里，帮主人把射杀的野鸭叼上来。到了秋季和冬季时，它们帮助主人打松鸡和黑琴鸡。在这个时节，普通的猎犬是抓不到松鸡和黑琴鸡的，它们沉不住气。可是北极犬会蹲在树下，对着野禽汪汪地叫，吸引它们的注意力，好让主人趁机开枪。

带着北极犬，它可以帮你在黑土路和积雪路上找到驼鹿和熊。

当你被猛兽攻击时，北极犬这个忠实的朋友是决不会出卖你的。它会从野兽的身后咬住它们，让你有时间重新装上弹药，把野兽打死。它们甚至会用自己的性命保全你的性命。最令人称奇的是，北极犬能帮猎人找到松鼠、貂、黑貂、猞猁等生活在树上的野兽。其他任何种类的猎犬都没有这样的本事。

在冬季，或是深秋时节，你在云杉林、松树林或混合林里行走，四周一片死寂。没有任何晃动的身影，没有任何东西闪现，也没有任何轻微的叫声。四周如同一片荒漠，连一只小动物也没有，一片寂静。

如果你去森林的时候带上一条北极犬，就不会感到寂寞无聊了。北极犬一会儿在树根下找出一只白鼬，一会儿把一只白兔从睡梦中惊醒逃窜，一会儿又顺便吃上一只林鼷鼠。无论不露面的松鼠在浓密的松枝间藏得多深，它都能发现。

可是，猎犬既不会飞，也不会爬树，如果不是松鼠偶然跳到地上来，那条北极犬怎么可能找到松鼠呢?

无论是随同猎人追踪野禽的追踪犬，还是寻找野兽脚印的猎犬，都需要有灵敏的嗅觉。鼻子是这两种猎犬的重要工作器官。这些猎犬即使视力很差、耳朵完全失聪，也仍然能好好地工作。

而北极犬却需要有三种“工作器官”：精确的嗅觉、锐利的视觉和灵敏的听觉。北极犬能一下子把这三个器官都调动起来。它们与其说是三个器官，不如说是北极犬的三个仆从。

只要松鼠的爪子在树上挠了一下，北极犬就会竖起那对时刻警惕的耳朵提示主人："这里有野兽!"只要松鼠的脚爪在针叶丛间一闪，北极犬的眼睛就会告诉主人："这里有松鼠!"只要一阵微风将松鼠的气味吹到树下，北极犬的鼻子就会向主人报道："那里有松鼠!"

北极犬靠这三个仆从发现树上的小兽后，就用它的第四个仆从——嗓子将信息传达给主人了。

一条优秀的北极犬，在发现猎物后是决不会往野兽或者鸟类所在的那棵树上扑，也不会用爪子去挠树干的，因为这种做法只会惊动猎物。一条优秀的北极犬会蹲在树下，目不转睛地盯着松鼠的藏身之处，时不时叫几声，保持高度警惕。只要主人还没来或是呼唤它回去，它是不会从树下离开的。

捕猎松鼠本身是一件很容易的事情，小兽被北极犬发现后，它的注意力也被北极犬所吸引。这时猎人只需静悄悄地走过来，不做出剧烈的动作，好好地瞄准开枪就行了。

用霰弹打到松鼠是很简单的。但职业猎人通常用铅弹去射击这种动物，而且必须去击中它的头部，以免损坏松鼠的皮毛。松鼠在冬天抵御枪伤的能力很强，因此，必须要一枪打中要害。否则等它躲进浓密的针叶丛时，就再也不可能出来了。

猎人们还用兽夹或是其他捕鼠器捕捉松鼠。

兽夹是这样安置的：把两块短的厚木板固定在两个树干之间，用一根细木棒支撑上面的木板，以免它落在下面的木板上。细棒上拴着美味的诱饵：烤熟的蘑菇或是干鱼片。松鼠一拉诱饵，上面的木板就会落下来，把小兽拍住。

只要雪不是特别深，猎人们就会整个冬天捕猎松鼠。松鼠一到春天就要脱毛，所以在深秋之前，在它们还没有换上那身华丽的淡蓝色冬装之前，人们是决不会打它们的。

带斧头打猎

猎人们在狩猎凶猛的小毛皮兽时，与其用猎枪，还不如用斧头。

北极犬凭借灵敏的嗅觉找到了藏在洞中的黄鼬、白鼬、伶鼬、水貉还有水獭。至于如何把这些小兽赶出洞，就是猎人的事了。但这件事可没那么容易做到。

这些凶猛的小兽把洞穴筑到土里、石头堆里或是树根下。当它们感觉到危险时，不到最后的紧要关头是不肯离开自己的藏身之所的。于是猎人只好把探棒或是小铁棍伸进洞里搅动，或是用手搬开石块，或是用斧头将粗大的树根劈开，将冻结的泥土刨开，或是用烟把小兽从洞里熏出来。

不过，只要它一跳出来，就无处可逃了，北极犬不会放过它，会把它活活咬死。

不然，猎人也会开枪打死它。

猎貂

想猎捕森林里的貂难度大一些。要找出它捕食其他鸟兽的地方是不成问题的，因为这里的雪被践踏过，还留着血迹。可是，要找出它在饱餐之后的藏身之处，就需要有一双十分锐利的眼睛了。

貂的逃离路线在空中：从这根树枝跳到那根树枝，从这棵树跳向那棵树，像松鼠一样。不过它仍然在下面留下了行迹，比如被折断的小树枝、兽毛、球果、针叶、被爪子抓落的小块树皮都会从树上落到雪地里。有经验的猎人能根据这些痕迹来判断貂在空中的行迹。有时这条行迹很长，能绵延几千米。我们得加倍注意，一次也不能偏离踪迹，才能根据坠落物找到貂。

当塞索伊·塞索伊奇第一次追踪貂的行迹时，没有带猎犬，只凭着自己的本事追踪貂的去向。

他踏着滑雪板走了很久。有时胸有成竹地往前冲一二十米，那里是貂曾经从树上跳到雪地里，在雪上留脚印的地方；有时又缓慢地往前移动，仔细地察看空中旅行者一路留下的依稀可辨的痕迹。那天他不停地唉声叹气，后悔没有把自己忠诚的朋友北极犬带来。

夜幕降临时，塞索伊·塞索伊奇还在森林里巡视。

这个小胡子猎人生起一堆篝火，从怀里掏出了一块面包放在嘴里嚼着，好歹先熬过这漫长的冬夜再说。

早晨，貂的行迹把猎人引到一棵非常粗的枯云杉树前。这真是一个好时机！塞索伊·塞索伊奇发现树干上有个树洞。野兽一定在这儿过夜了，而且可能还没出洞呢。

塞索伊·塞索伊奇扳好扳机，右手拿着枪，左手捡起一根树枝，用它敲击树干，然后把树枝扔掉，用双手端着枪，等待貂出洞。

貂却没有出现。

塞索伊·塞索伊奇又拿起树枝重重地敲了一下树干，然后又更重地敲了一下。

貂还是没出来。

“哎，还在睡大觉呢！”猎人心里想着，“快醒吧！瞌睡虫！”

但是不管他怎么敲，都只能听见敲击声在森林里回响。

看来貂没在树洞里。

这时，塞索伊·塞索伊奇才想起应该仔细看看这棵云杉的周边情况。

这棵枯树的里面都空了，树干另一面的一根枯树枝的下方还有一个出口。枯树枝上的积雪都已经掉落了，显然貂已经从云杉树的这一面溜出了树洞，逃到周围的树上了。由于粗壮的树干挡住了猎人的视线，所以猎人没能看见它。塞索伊·塞索伊奇没有办法，只好继续去追貂。

一整天的时间又被猎人花在辨认模糊的痕迹上。

天色已经渐渐昏暗了，塞索伊·塞索伊奇终于找到一个表明野兽并不比自己高明多少的痕迹。猎人在树上找到一个松鼠窝，貂把这里的松鼠赶跑了。显然，这猛兽在松鼠后面追了很久，并最终在地面上追到了它。那只精疲力竭的松鼠可能是没有正确估计自己的体力，从树枝上摔落下去，于是貂一连窜了几大步，把它抓住了。然后就在这块雪地里，貂把松鼠吃了。

是的，塞索伊·塞索伊奇追踪的痕迹是正确的。不过，他已经无力再继续追了，因为从昨天起到现在，他一点儿东西都没吃，身上连一丁点儿面包也没有了，而寒气又降临了。要是在森林里过夜的话一定会被冻死的。

塞索伊·塞索伊奇非常沮丧地痛骂一句，开始沿着来时的路往回走。

“要是追上这只貂，”他心想，“就立刻一枪把它打死！”

塞索伊·塞索伊奇窝着火拿下肩上的猎枪，当他再一次路过那个松鼠洞时，瞄也没瞄，就冲着洞口放了一枪。他这样做只是想发泄一下心头的怒火罢了。

树上的一些枯树枝和苔藓纷纷落下，在那些东西落地之前，一只细长的、毛茸茸的貂在临死前的颤动中掉到他的脚边。

后来塞索伊·塞索伊奇才知道，这样的情况并不少见：貂捉住松鼠，把它吃掉了，然后钻到被它吃掉的松鼠的温暖小窝里，蜷缩起来，安安心心地睡起觉来。

白天和黑夜

在十二月中旬前，松软的积雪已经快盖过膝盖了。

在日落时分，一群黑琴鸡蹲在光秃秃的白桦树的树梢上一动不动，玫瑰色的天空映衬出它们黑色的身影。然后，它们突然一只接着一只地飞到下面，钻到雪地里，然后就不见了踪迹。

黑夜降临了，今晚没有月光，四下一片漆黑。

塞索伊·塞索伊奇走到了那片黑琴鸡消失的林中空地上。他手中拿着捕鸟的网和火把。浸过树脂的麻絮燃烧起明亮的火焰，在光照下，黑暗的夜幕如同幕布一样退向两边。

塞索伊·塞索伊奇警觉地向前走着。

忽然，在离他只有两步远的前方，一只黑琴鸡从雪地里窜了出来。明亮的火光晃得它睁不开眼睛，它像一只巨大的黑甲虫，在原地无助地瞎打转。猎人灵巧地用网罩住了它。

就用这种方法，塞索伊·塞索伊奇在夜间活捉了许多只黑琴鸡。

而在白天，他却得在大路上乘着雪橇用枪打黑琴鸡。

奇怪的是：停在树枝上的黑琴鸡绝不会被一个徒步逼近的猎人打中，无论那个猎人如何隐藏。但如果这个猎人乘雪橇过来，哪怕雪橇上满载着集体农庄的大车队，那些黑琴鸡也难以从他的手里逃走!

公告

为鸟类设立免费食堂

可以直接在窗户外用绳子悬挂一块木板，上面撒上饲料：面包屑、干燥的蚂蚁卵、面粉、蛀虫、蟑螂、煮硬的鸡蛋和奶渣、大麻籽、花楸浆果、蔓越橘、荚、黍、燕麦、刺实。

不过更好的方法是将装了饲料的瓶子固定在树干上，下面放一块木板。

还有最好的办法是在花园里放置一个带屋顶的饲料台，以防雪落在上面。

帮助挨饿的鸟类

记住：我们的小朋友——鸟类正面临艰难的时刻，饥饿的时刻，凶险的时刻。别等到春天的来临，现在就为鸟类建造舒适、温暖的小屋——比如用圆木挖空做成的木桶、椋鸟屋或板棚吧！这样它们在毁灭性的天气里就有了避难所。为了躲避寒风和大雪，许多鸟类紧紧挤在一起，向人类靠近，躲到屋檐、台阶下过夜，有一只很小的欧鹪甚至躲到村中柱子上的邮箱里过夜。

请在椋鸟屋和圆木挖空做成的木桶里放上绒毛、羽毛、碎布，这样鸟儿们就可以有暖和的羽绒褥子和被子了。

冬·第一期

雪路出现之月

12 月 21 日—1 月 20 日

太阳落入摩羯座

一年是一部分成十二个月的太阳诗篇

漫长严冬的开始

十二月是天寒地冻的时节。十二月铺设冰板，十二月钉上银钉，十二月冰封大地。十二月是一年的终结，是冬季的开始。

河水停止了流动：即使是汹涌奔腾的河流都被坚冰封了。大地和森林都穿上了雪白的被子。太阳躲在乌云后头。白昼越来越短，黑夜正慢慢增长。

无数死去的身体被埋葬在积雪之下。一年生的植物按期成长、开花、结果，而如今，它们已化作尘埃，重新回到生养它的泥土里。那些一年生动物——许多无脊椎的小动物，也都如期过完一生，回归了大地。

但是，植物留下了种子，动物也产下了卵。等到一定的时候，太阳就会像童话故事《睡美人》中的那个英俊王子似的，用自己的亲吻来唤醒这些已逝的生命，重新从土壤中创造出鲜活的身躯。而多年生的动植物都善于将自己的生命保存在北方漫长的冬季——直到新春到来。要知道，此时的冬季还没有完全展现自己的威力，而太阳的诞辰——12 月 23 日已经快要到来了！

太阳将会重回人间。生命也将随着太阳重生。

但是我们先要把漫长的严冬熬过。

林中大事记

冬季之书

大地银装素裹。现在，田野和林中空地如同一本巨大书本里的书页，平整而洁净。如果有谁经过这里，就一定会在这书页上写下：“曾经有某人来过这里！”

大雪纷纷扬扬落了一天，当雪停时，书页又变得干净平整了。

等你清晨走来，就会发现洁白的书页上印满了许许多多神秘的符号、线条、句号、逗号。这意味着，在夜间，有许多森林居民到过这里。它们或是走走，或是蹦跳了一会儿，做了一些事情就离开了。

是谁来过这里？他们在这里做了什么？

应该赶快来弄清楚这些还不明白的符号，解读出这些神秘的文字。不然，当另一场大雪来临，地面就仿佛被人翻了一页似的，眼前又是一张洁净、平整的白纸。

各有各的读法

在这本“冬季之书”中，每一位森林居民都用自己的笔迹和符号签了字。人们正在学习用眼睛来分辨这些符号。如果不用眼睛读，还能用什么读呢？

但是有些野兽却用鼻子阅读。比如狗，就常常去嗅冬季之书上的字母，然后解读道“有狼来过这里”，或者是“兔子刚刚从这里跑过”。

野兽鼻子的学问大着呢，它们是绝不会出错的。

各有各的书写方式

大多数野兽用爪子写，有的用整个脚掌写，有的用四个爪子写，有的用蹄子写。也有些用尾巴写，用鼻子写，或用肚子写。

鸟类用爪子和尾巴写，有时也会用翅膀写。

简单的书写和书写时的花招

我们的记者学会了怎么从这本“冬季之书”中读到各种林中故事。但是掌握这门学问可不是一件简单的事情，原来并不是所有林中居民留下的笔迹都是简单易懂的，有些动物喜欢在自己的签字中要要花招。

松鼠的字迹既容易辨认，又容易记住。它们在雪地上的蹦跳动作就像孩子们玩的跳背游戏。它们用短短的前腿撑着地面，长长的后腿向前跳跃，前脚印和后脚印离得很远。前脚掌的脚印比较小，是两个并排的小圆点，后腿脚印拖得很长，像是小孩细细的手指画出来的。

老鼠的笔迹虽然很小，但是也很简单，可以轻松辨认。老鼠们从雪地里爬出来时往往先兜个圈子，然后径直跑向它要去的地方或是自己的洞穴。所以雪地上留下了两行长长的冒号，两个冒号间的距离相等。

鸟类的笔迹也很容易辨认。比如喜鹊，它的前面三个脚趾在雪地上留下十字形印迹，后面第四个脚印是一个破折号（笔直的一条短线）。十字形的两边是翅膀上的羽毛留下的划痕，像手指画出的一样。而且你还可以看见它那错落有致的长尾巴留下的痕迹。

这些痕迹都是没有要过花招的。让人一看就明白：这里有一只松鼠从树上跳下，在雪地里跳了一段路，又跳回到树上；这里有一只老鼠钻出雪地，跑了一阵，又重新钻到了雪下；那里是喜鹊停在雪地里，在坚硬的雪壳上一跳一跳的，摇了摇尾巴，用翅膀扑腾了一会儿，然后飞走了。

但是辨别狐狸和狼的笔迹就没有那么简单了，如果你没有习惯这些笔迹，那你肯定会被绕晕的。

小狗和狐狸，大狗和狼

狐狸的脚印和小狗的脚印很相像，区别仅仅在于：狐狸把爪子缩成一团，脚趾握得紧紧的；可是狗的脚趾是张开的，因此它的脚印更疏散，更柔软。

狼的脚印和大狗的脚印很相像，两者的区别是：狼的脚掌是从两边向里面握拢，它的脚印比狗的脚印更长，更细些。狼的脚爪和掌心的肉垫在雪地上留下更深的印迹。狼的前爪印和后爪印之间的距离比狗脚掌的前后爪印间的距离更大。狼脚掌的前爪留下的脚印常常合并在一起，而狗脚爪的肉垫留下的印痕是相连的，和狼不一样。（看图比较狗、狼和狐狸的脚印。）

这是基础知识。

阅读狼的脚印是一件特别费神的事情，因为狼喜欢对自己的脚印耍些花招，把自己的脚印弄乱。狐狸也同样如此。

狼的花招

当狼步行前进，或者小跑的时候，它的右后脚总是精准地踩在左前脚的脚印里，而左后脚则踩在右前脚的脚印里。因此，它的脚印像是沿着一根绳子似的踩出了一条笔直的线。

当你看到这样一行脚印，可能会立刻解读为：“之前有一只身强体壮的狼从这里走过。”

如果你这样想，那就错了！正确的解读为：“之前有五只狼从这里走过。”走在前头的是一匹机敏的母狼，后面跟着一匹老公狼，最后面还跟着三只小狼崽儿。

它们是一步步踩着母狼的脚印走的，走得那么整齐，你肯定不会想到这是五只野兽的足迹。你得好好锻炼自己的眼力，才能成为一个出色的雪地兽径（猎人把雪地上的脚印称为“雪地兽径”）识别者。

树木过冬

寒冬会把树木冻死吗？答案是“当然会”。

如果一棵树从外到里都被冻成了冰，那它就会死亡。在我们这儿，冬季酷寒少雪，很多树木都被冻死了，其中大部分是小树。如果不是每棵树木都有御寒的良策，为自己保存热量，不让严寒深入到身体内部，那它们早就冻死了。

树木在吸收营养、生长、繁育后代的过程中都需要消耗大量的能量。所以树木在整个夏天里积蓄能量，等到了冬天，就停止吸收养料，停止生长，不再消耗能量去繁殖后代。停止一切活动，进入深沉的睡眠状态。

树叶会散发出大量热量，所以冬天里树木就把叶子清理掉。树木从自己身上甩掉叶子，以便保存维持生命所必需的热量。再说，从树上落下的叶子，在地上渐渐腐烂，腐烂的落叶本身会提供热量，可以保护柔弱的树根不被冻坏。

不仅仅是这些。每一棵树都有一副保护植物躯体、抵御严寒的铠甲。每年夏天，树木都在树干和树皮下储存一些疏松的软木组织——一种无生命的填充层。木栓层既不透水，也不透气。空气停滞在它的细孔内，防止树木内的热量向外散失。树的年龄越大，它的木栓层就越厚，这就是为什么老而粗壮的树木比枝嫩干细的小树更能抵抗严寒侵袭。

光有木栓层是无法抵御严寒的，如果严寒能够攻破这道防线，那它还会遭遇植物体内化学物质的有效抵抗。在冬季到来前，树的汁液里会积蓄各种盐类和转化为糖的淀粉。而盐和糖的溶液具有很强的抗寒能力。

不过最能抵御严寒的是蓬松的雪花被，众所周知，细心的园丁有意将怕冷的小果树苗压向地面，用雪覆盖，这样可以让它们变得暖和。在多雪的冬季，白雪就像羽绒衣，覆盖了整片森林。这样，无论是多么严寒，树木也不会害怕。

不，不论严寒如何肆虐，我们北方的森林都不会被冻死。

我们的森林王子可以抵御任何狂风暴雪！

在积雪覆盖的草场上

四周白茫茫一片，积雪很深。一想到现在花儿凋谢，草儿枯萎，大地上除了积雪什么也没有，心里不免有些忧伤。

但是，人们常常会这样想："那有什么办法呢！大自然就是这样安排的。"

可惜，我们对大自然的了解实在太少了。

今天是一个晴朗温暖的日子。我借着这样的好天气，乘上我的滑雪板，去清除试验田上的积雪。

雪被清除了。阳光照耀着整个草场上的花花草草。它照耀着紧贴冰冷地面的绿色的莲座丛叶，照亮了从枯草下面钻出的新鲜叶尖，照亮了被积雪压倒在地面的各种绿色草茎。

在这些植物当中，我找到了有毒的毛茛。直到冬季来临前，它还一直在开花。所有花朵和花蕾都保存在雪下，等待春天的来临。连花瓣也保存得完好无缺。

你们知道我在试验田上一共种植了多少植物吗？一共六十二种植物。现在，其中有三十六种仍然是碧绿色的，还有五种正开着花。

现在，你还会说一月里我们的草场上没有草也没有花吗？

尼·帕夫洛娃

森林要闻

下面这几个林中故事，都是我们的林中通讯员在“雪地兽径”上读到的。

不聪明的小狐狸

一只小狐狸在林间空地上发现了老鼠留下的几行小字。

“哈哈！”它想，“这下有东西吃啦！”

它没用鼻子仔细认真地阅读刚刚是谁来过这里，它只看了一眼，就草率得出结论：足迹通到了一个灌木丛旁。

它悄悄地往灌木丛逼近。

它看到雪地里有一个小东西在蠕动，毛色发灰，尾巴短短的。嘎吱一声，小狐狸一口咬了下去！

呸！这是什么发臭的脏东西！它赶紧把小兽吐了出来，慌忙吃了几口雪，想用雪把嘴巴洗干净，好难闻的气味啊。

就这样，小狐狸没吃上早饭，还白白让一只小兽丢了性命。

原来那个小兽不是普通老鼠，不是田鼠，而是鼩鼱。

只是从远处望去，它与老鼠长得很像，但是近些看就可以一眼分清楚：鼩鼱的嘴脸是长长的，脊背弓起。它属于食虫动物，和鼹鼠、刺猬是近亲，凡是有点儿经验的野兽都不会碰它，因为它浑身有一股刺鼻的恶臭，散发出浓浓的麝香味。

可怕的足迹

我们的森林通讯员在树下发现了一种很长的足迹，把他们吓了一大跳。脚印本身倒是不大，与狐狸脚印差不多，但又长又直，像钉子一样。如果被这样的脚爪抓一把，肚肠都会被掏出来。

通讯员们小心翼翼地沿着脚印前行，来到一个很大的洞穴前，洞口的雪地上散落着动物的毛。他们仔细观察一番，发现这种兽毛是直直的，足够坚硬，但不易折断，色白，末梢是黑色的。毛笔就是用这种毛制作的。

他们马上明白了：洞里住的是獾。獾是一种忧郁的动物，但并不可怕。看来它们是在解冻天气出洞散步了。

雪下鸟群

一只兔子在沼泽地里跳跃奔跑着，从一个草墩跳到另一个草墩上。只听扑通一声——它掉进了雪里，积雪淹没了它的耳朵。

这时，兔子忽然觉得它的脚下有活的东西在动弹。刹那间，一群白色的松鸡从它身旁的雪下面冲了出来，翅膀发出很大的振动声。兔子吓坏了，马上逃回森林里了。

原来这群白松鸡就住在雪下的沼泽地里。白天，它们飞到外面，在沼泽地里找蔓越橘吃。啄食过一阵子后，就又钻回雪底了。

雪下既安全，又暖和。谁能发现躲在雪下的它们呢？

雪爆了

我们的通讯记者很久不能明白一处雪地里由足迹书写的谜一样的故事。

起初是又小又窄的蹄印，看起来步伐稳健。要解读它并不难：一头母鹿在林中走动，并未感到灾难正在逼近。

突然旁边出现了硕大的爪印，这爪印呈跳跃状。

这也比较容易理解：狍子发现一头狼从密林里出来了，正朝它扑过来。于是狍子夺路而逃。

接着狼的脚印越来越近，越来越近了——狼快追上狍子了。

两种脚印在一棵倒在地上的大树旁完全搅在一起了。看来，狍子勉勉强强越过粗大的树干，狼紧跟着就扑过去了。

树干的另一侧有个深坑：雪向四周散去，仿佛这雪底下，有一个巨大的炸弹爆炸了。

从这里，狍子的足迹走向了一边，狼的足迹走向了另一边，而中间不知从哪里出现了一种硕大的陌生脚印，与人的脚印很像（像赤脚的脚印），但是带有弯曲的可怕的爪痕。

雪里面到底埋藏了什么样的炸弹？这脚印是谁刚留下的？为什么狼窜到了一边，狍子窜向了另一边？这里发生了什么？

我们的通讯员为了弄清楚这个问题，花费了很长时间。

他们最后弄清楚了这些巨大的脚印是什么动物的，这样，所有问题都迎刃而解了。

狍子轻而易举地跳过了倒地的树干，继续向前奔跑。狼也试图跟着它跳过去，但是它身体太重了，所以没能越过去。它从树干上滑落，扑通一下，整个身体落到雪下的熊洞里，这个洞正好在树干下面。

大狗熊从睡梦中惊醒，猛地跳起来，于是周围的雪啊、冰啊、树枝啊如同炸弹爆炸似的被弄得漫天飞舞。熊还以为是猎人来袭击它了，迅速奔跑着逃进了森林。

在雪海深处

对于生活在田野里和森林里的野兽来说，没有比初冬时节的少雪天气更难熬的日子了。

光秃秃的大地上，冰层越来越厚。洞穴里越来越冷。鼹鼠为此受尽了苦头，艰难地用自己铁锹一样的脚爪挖掘像石头一样坚硬的冻土。那么老鼠、田鼠、伶鼬、银貂又该怎么办呢？

终于下雪了。雪下个不停，已不再融化。干燥的雪海覆盖了整个大地，人踩进去，会没到膝盖，而花尾榛鸡、黑琴鸡乃至松鸡，整个身子都会淹没在雪里。老鼠、田鼠、鼩鼱等所有不冬眠的穴居小动物都从自己的地下居所爬出来，在雪海下四处奔跑。凶猛的伶鼬像一头小海豹，不知疲倦地在雪海里潜入潜出。它钻到雪海外待一会儿，四下张望着，看有没有花尾榛鸡从雪地里探出头来，然后又潜入雪底，悄悄地在雪下逼近鸟类。

雪海的底部要比表面暖和许多。因为凛冽的寒风——冬季死亡的呼吸到不了那里。严寒无法通过厚厚的干燥水层到达地面。很多穴居的老鼠直接在雪海之下搭了自己的窝，像是住进了冬季的别墅。

真是难以置信！一对短尾巴田鼠在地面上用草和兽毛搭了一个小小的窝，这个窝就架在一丛被雪盖住的灌木枝上。从窝里还冒出一缕轻盈的热气。

厚雪下的暖和小窝里，有几只刚出生的小田鼠，它们身上光溜溜的，还没有毛，眼睛也没睁开。可那时外面的天气正冷得厉害——零下二十摄氏度呢!

冬季的中午

在一个阳光明媚的一月份的中午，积雪覆盖下的森林里一片寂静。在一个隐秘的洞穴里，熊主人正在沉睡。洞穴的上方，在挂着沉甸甸积雪的高大的乔木与低矮的灌木丛间，似乎有个童话里的宫殿，带着拱顶、空中走廊、台阶、窗户以及有尖尖屋顶的神奇的阁楼。所有这一切都是由无数像金刚钻般闪烁的雪花变幻出来的。

一只小巧玲珑的鸟儿像是从地底下钻出来似的跳了出来，它长着锥子似的嘴巴，竖起小尾巴。它轻轻飞上一棵云杉的树顶，发出一串悦耳动听的声音，响彻了整片森林!

在白雪建成的屋宇的小窗里，突然现出了一双闪着绿光的浑浊的眼睛……是不是春天提前来临了?

其实，这是熊主人的眼睛。熊总会在自己进洞睡觉的一面开一扇小窗——要知道，森林里什么事都可能发生的。但是，什么情况都没有，钻石般晶莹的小屋里安安静静的。于是，窗口的那只眼睛消失了。

小鸟儿在结冰的树枝上活蹦乱跳了一会儿，又钻进了一个树墩上的雪帽里。那里有一个用柔软的苔藓和绒毛做成的温暖的过冬小屋!

集体农庄新闻

为春天的到来做准备

在严寒冬季，树木都沉沉地入睡了。体内的血液——树液都被冻结了。森林里，锯木声不知疲倦地传来。伐木工作持续了整个冬季。冬季采伐的木材是最珍贵的，既干燥，又坚固。

为了将采伐的木材运到春天时运送木材的大大小小的河边，人们制造了冰橇和宽阔的冰路。人们往积雪上泼水，就像泼溜冰场似的。

农庄的庄员们正在为春天的到来做准备，忙着选种和检查幼苗。

一群群灰色的田鹬，此时都飞到村子里的谷仓旁边住了下来。积雪太深，它们很难刨开积雪去寻找食物，即便刨开了积雪，下面还有一层厚厚的冰，想要继续用它们那虚弱的爪子去刨开冰壳几乎是不可能的。

在冬季捕捉田鹬是一件很容易的事情，但这是犯法的，法律禁止在冬天捕捉软弱无力的灰田鹬。

聪明而体贴的猎人们在冬天时还会给这些鸟儿补充食料！为它们在田野里搭建食堂——由云杉树枝搭起的小窝棚，在里面撒上燕麦和大麦。

于是，美丽的灰田鹬即便是在严寒的冬季也不会饿死了。到了来年夏天，每一对灰田鹬都会至少孵化出二十只小田鹬来。

雪犁

昨天，我去“闪光”集体农庄看望我从前的中学同学——现在是拖拉机手米沙。

给我开门的是他的妻子，一个特别喜欢嘲笑人的女人。

“米沙还没有回来呢，”她说道，“他在耕地呢！”

我想她又是在拿我开玩笑，但是用“耕地”这个谎言来蒙骗我也太愚蠢了。连托儿所里刚会走路的孩子可能都知道冬天是不能耕地的。

所以，我也用嘲弄的口吻问：“是在耕雪吧？”

“除了耕雪还能耕什么呢？当然是在耕雪了！”米沙的妻子答道。

我去找米沙。不过也真奇怪——他真的在田地里。他开着一台拖拉机，拖拉机拖着一只长木箱，长木箱将雪聚拢到一起，筑成一道结实的高墙。

“为什么这样做，米沙？”我问道。

“这是用来挡风的屏障。要是不给风设这样一道屏障，风就会在田里乱刮，把雪全都吹走。而秋播谷物如果没有雪就会被冻死。应该把田里的雪留住。所以，我就用我的‘雪犁’耕雪呢！”

按冬季作息时间生活

现在农庄的牲畜都按照冬季作息时间生活：睡觉、吃饭、散步都按时进行。四岁的农庄庄员玛莎对于这件事这样对我们说：“我和我的小伙伴现在都上幼儿园了。奶牛和马儿可能也上幼儿园了吧？我们去散步，它们也去散步。我们回家，它们也回家。”

“绿色林带”

我们沿着绵延数千公里的铁路线种植了一排排挺拔的云杉树。这条“绿色林带”保护铁路免遭风雪的袭击。每年春天，铁路员工都要栽上几千棵小树，来扩大这条“绿色林带”。

今年我们种植了十万多棵云杉、洋槐、白杨和三千棵左右的果树。

这些树苗都是铁路员工们在自己的苗圃里培育出来的。

城市新闻

光脚在雪地上爬

在阳光明媚的日子里，当温度表的水银柱上升到零摄氏度的时候，在花园里、林荫路上和公园里，许多没有翅膀的小苍蝇从雪底爬了出来。

一整天，它们都在雪上爬来爬去。到了傍晚，它们就又躲到冰雪的缝隙里。

它们住在落叶下或是苔藓中温暖而幽静的地方。

它们爬过雪地并没有留下足迹。这些游荡者的身体又轻又小，只有在高倍放大镜下，才能看清楚它们突出的长脸、从额头上直接长出的奇怪的触角以及纤细的光脚。

国外新闻

《森林报》编辑部收到一些来自国外的报道，有关我们候鸟在国外的生活详情。

我们的著名“歌唱家”——夜莺，是去非洲中部过冬，云雀住在埃及，椋鸟则分批去了法国南部、意大利和英国。

它们在过冬地不唱歌，不做窠，也不繁衍后代，只关注自己的食物。它们一直等待春天到来，等待返乡时节的到来。古话说得好：“在家千日好，出门一日难。”

埃及是鸟类冬季的聚集地

埃及是鸟儿过冬的天堂。埃及那汹涌澎湃的尼罗河和不可计数

的支流，堆满淤泥的河岸，肥沃的牧场与农田，咸水和淡水的湖泊与沼泽，分布在温暖的地中海曲曲折折海岸边的海湾——这些地方是千万鸟儿的丰盛餐桌。这里夏天的时候，就已经有无数只鸟儿了，而到了冬天，候鸟也会飞到这里居住。

这里鸟类拥挤的程度是难以想象的，仿佛全世界的鸟类都从四面八方飞到这儿聚集似的。

在湖面和尼罗河的支流上水禽密集地聚集在一起，远远望去，连水面都看不见了。嘴巴下长着个大口袋的笨重的鹈鹕，和我们的灰野鸭、小水鸭一起捕鱼。我们的鹬在粉红羽毛的火烈鸟的长腿中间踱来踱去。当色彩斑斓的非洲小乌雕，或是我们的白尾金雕出现时，这些鹬就会被吓得四散而去。

如果对着湖边放一枪的话，那就有成群的形形色色的鸟儿飞上天空，那喧嚣的声响能与千面被同时敲响的鼓的声音相比。一大片浓密的黑影迅速覆盖了整个湖面，那是飞起的鸟群把太阳遮住了。

我们的候鸟就这样在它们冬天的住所里生活着。

国家禁猎区

在我们幅员辽阔的国土上也有鸟类的乐园，完全不比非洲的逊色。许多水禽和在沼泽地里生活的鸟类在那里过冬。冬天，和埃及一样，你在那里可以看见一群群的鹈鹕、火烈鸟和野鸭、大雁、鹬、海鸥以及一些猛禽杂居在一起。

虽然我们在说冬天，可是那儿恰恰没有丝毫冬天的景象，完全不像我们这里的冬季那样大雪纷飞、寒气逼人、暴风肆虐。在温暖海岸边水藻丛生的浅水湾里，在沿岸的芦苇和灌木丛里，在宁静的草原上，这里一年四季都为各种鸟类提供充足的食物。

这种地方都是禁猎区，不允许猎人在此捕猎。那些候鸟都是经过夏天的操劳，飞到这里来休息过冬的。

一只鸟轰动了南非

南非曾发生过一件轰动一时的大事件。人们在一群白鹳中，发现了有一只白鹳的脚上套着一个白色的金属环。这群白鹳是从天上飞下来的。

人们将这只白鹳捉住，发现那金属环上刻着字："莫斯科。鸟类学研究委员会，A 组，第 195 号。"

许多报纸上刊载了这条消息，由此我们知道，当年被我们的通讯员捕获过的那只白鹳冬天飞到什么地方过冬了。

科学家用这种给候鸟戴脚环的方法，了解了鸟类生活中许多惊人的秘密——比如它们过冬的地方，比如它们的迁徙路线等等。

为此，世界各国的鸟类学研究委员会都会用金属铝制成各种不同型号的环，并在环上刻了放环的机构名称，代表组别（根据尺寸大小）的字母和编号。如果有谁捉住或打死了这种戴着脚环的鸟儿，应该按照脚环上的科研机构名称通知那个机构，或是把自己的发现刊登在报上。

吉特·维里卡诺夫的故事

米舒克的惊险故事

（新年故事）

除夕之夜到来了。

屋外寒气逼人。

天蒙蒙亮，一个农庄老爷爷乘着雪橇去树林里，为乡村俱乐部砍一棵漂亮的圣诞树。

森林又大又密，老爷爷一直进入到森林的中心地带。在这里已经听不到任何来自村庄的声音，连无线电广播声也听不见了。老爷爷把马拴在树上，离开大路，为自己选择一棵合适的小云杉树。

但是他刚用斧头往树干上砍了一下，雪下就如同爆炸似的窜出一头巨大的棕色野兽。

老爷爷吓得把斧头都扔出去了，他拼命地向他的马儿跑去，解下马就跑掉了。

原来老爷爷让一头母熊受了惊。它的洞穴正好位于他为自己选的云杉树的下方。母熊被突然的斧头声惊醒，它就从自己的洞穴里跳出，没命地往密林里逃跑。惊慌中，它还以为是猎人们朝它围攻过来。

而洞里还留着它的小熊仔米舒克，才三个月大，还在吃奶。

寒气侵入了被母熊翻了个底朝天的熊洞。米舒克醒了过来，轻轻地哭叫起来，它感到又冷又饿。渐渐地，米舒克开始感到不安，便爬出了洞穴，寻找自己的妈妈，但是连个影子都看不见。

它徒劳地爬来爬去，哀嚎着，哭叫着，但是妈妈离得太远了，没有听到它的声音。

最后，米舒克生气了，用四脚站了起来，自己去寻找食物，它那笨拙的短短的爪子陷入积雪之中，但是饥饿驱使它不断往前走。

突然，它发现一棵树后面的树墩上有一只长着蓬松尾巴的棕色小兽。小兽快要把一颗长长的云杉球果啃完了。米舒克很喜欢吃松鼠，它迈着内八字往前走，想和它玩一会儿，但是松鼠惊叫了一声，如箭一般爬上自己眼前的那棵云杉。

米舒克找不到它了，坐了一会儿，摇晃着脑袋，发了一会儿呆，然后继续向前走去。

很快，米舒克看到一只灰色的小兽，这小兽生气地大喘气，想躲到灌木丛下避开，米舒克跳了两步就赶上了它，伸出爪子将它抓住。然而——哎呦！灰色的小兽全身都是刺儿，痛得米舒克惨叫了一声，踮着三只脚跑开了。它在林子里游荡了很久，最后精疲力尽地坐了下来。饥饿的肚子逼得它开始用爪子刨雪。雪下面露出了土地，土地上长着一些花儿、浆果和植物的根部。米舒克开始把它们往自己的嘴里塞，原来，这些东西都是可以吃的。于是可怜的小孤儿开始用爪子拼命地刨，一直吃到肚子鼓起来，好像把整个西瓜吞到肚子里一样。

填饱了肚子，米舒克跑起来就开心多了。它没太留意自己的脚下，突然——扑通一声，它掉进了一个坑里。

在这个坑里，在树枝和雪的下面，蛇、青蛙和癞蛤蟆正在冬眠。幸好米舒克在掉下去的瞬间用后脚抓住了几根粗树枝才没完全摔到坑里，只是头朝下悬挂在这群动物的上方。

蛇醒了过来，抬起头，发出可怕的咝咝声，青蛙绝望地呱呱叫了起来。恐惧给米舒克增加了力量，它摇晃着身子，用后脚攀住树枝，用前脚抓住粗树根，匆匆忙忙地爬了上去。它吓得连头都不敢回，只顾往前跑，一直跑了好久才停住脚。

它停下来后又开始刨雪，在雪下面还会发现什么好吃的呢？这次它挖到了完全不同的东西：这里的雪下住着一整窝林间田鼠，里面有好几只幼崽。这些小动物在灌木丛下方的树杈上安顿了自己的小窝，温暖的小窝里甚至还冒出了热气。

如果米舒克稍微年长一些，它也许会考虑用这些田鼠当做一顿午餐。但是它还没有那么聪明，它只是惊讶地看着这些短尾巴的小动物被吓得四处逃散。

冬日的白昼是短暂的。正当米舒克傻傻地望着这些田鼠的时候，黄昏已经到来。米舒克突然想起："妈妈在哪儿呢？"于是它继续奔跑寻找。

不过怎样才能在这广阔茂密的森林里找到它呢？

米舒克跑啊跑，眼见夜幕降临了。在这伸手不见五指的新年之夜，一颗星星也看不见——整个天空布满了漆黑的云雾。但最为糟糕的是，乌云中开始飘下鹅毛大雪。奔跑中，米舒克浑身发热，所以落到它背上的雪花立刻融化并浸透了它全身的皮毛。

在黑夜里，米舒克感到害怕：说不定什么东西会突然向它扑过来！米舒克太小了，它还不知道在森林里，熊是最强壮的野兽。它害怕极了，连啜泣都不敢，生怕被别人听见。它静静地向前跑，不知不觉跑进了森林的最深处。

突然——设想一下它内心的恐惧吧——它和一头野兽正好撞在了一起。这头野兽要比米舒克大得多，重得多，所以这个可怜的小东西被远远地撞到一边，背部摔到一棵树上。

但是米舒克没有时间去揉一揉这疼痛的部位。要知道，这个巨大的野兽可能会立刻扑向它，把它吃了。于是米舒克匆忙地在黑暗中摸索着爬上了树。

它听见那个巨大笨重的野兽正在向它靠近。它那么重，脚下不时传来被大爪子压到的树枝断裂的声响。

沉重的脚步声越来越近，越来越近……米舒克颤抖的四肢紧紧抓住树干的表皮，向后回过头，向漆黑的下方望去……

是它走运，正在这时，黑暗的乌云中一道闪电劈了下来，在一瞬间照亮了整个森林。时间虽然短暂，但足以让米舒克看清谁在它的下方。

“妈妈！”它使出浑身力气喊道，飞快地从树上滚了下来。

不错，这正是母熊，它的妈妈。熊妈妈也不清楚自己在黑暗中撞到了谁，也没认出自己的儿子。

现在它俩高兴极了。

正在这时传来了莫斯科鼓的声响，庆祝的声响传遍了整个森林：此刻正值子夜，新年到来了！

沼泽地里的群鹤开始啼叫，云雀在天边唱起了歌，幸福的母子俩紧紧地拥抱在一起。

然后，它们俩回到了自己的洞穴，在那里躺下。米舒克开始吃熊妈妈的奶，而妈妈则舔着自己美味而富有营养的爪子。

结局多么美好啊，如同所有新年故事的结局那样，即使这是发生在茂密的森林中的故事。

林野特辑

带着小旗子去打狼

有几只狼出没在村庄附近。一会儿把小绵羊叼走了，一会儿把山羊叼走了。这个村子里没有猎人，只好去城里求援：“伙计们，来帮帮我们吧！”

当天晚上，从城里来了一队士兵组成的猎人，全是打猎高手。每个雪橇上带着两个很大的线轴，线轴上缠满一圈圈的绳子。绳子上系着一面面红布小旗，两面旗子间相距半米。

雪路上的线索

士兵们向农民打听狼的来向，然后沿着狼的足迹寻找。线轴放在后面的雪橇上。

狼的脚印呈一条直线，经过田野从村庄向森林延伸。第一眼看来似乎只有一头狼从这里走过，而有经验的足迹辨认者却看出这是一窝狼的足迹。

进入森林后，一条足迹分成了五条。猎人们看了一会儿说：“走在前面的是母狼。”脚印比较窄，步子比较短，雪爪是斜的——猎人们就是凭借这些判断出这是母狼的脚印。

他们分成了两组，分别乘上雪橇，绕森林转了一圈，没有发现离开森林的足迹，这就意味着整窝狼都住在这森林里，得尽快围猎它们。

围猎

每一组猎人都拿上线轴。雪橇缓缓地前进，线轴转动，绳子一点点放了出来。猎手们将线绳挂在灌木丛上、树干上和树桩上。这样就使长长的小旗子离地约有半米高，在空中飘扬着。

两组猎人在村边会合了，他们已经用绳子和小旗子把整个森林包围起来。

猎人们嘱咐农庄庄员，第二天天刚亮就得起床，然后就去围猎了。

夜晚

夜里，寒气袭人，明月高照。

母狼睡醒了，站起身来，紧接着公狼站了起来，几只今年才出世的小狼也跟着起了身。

四周是一片密林。一轮满月悬挂在枝叶稀疏的云杉树梢上方，如同一个阴暗的太阳。

狼饿得肚子咕咕直叫。

心里真是闷得慌！

母狼抬起头，对着月亮嗥叫起来，公狼也跟着用深沉的声音叫了起来，小狼们随之也发出了尖细的叫声。狼嗥声传到村子里的家畜的耳朵里，吓得奶牛“哞哞”叫，吓得山羊“咩咩”叫。

母狼出发了，小狼们跟在母狼的身后，公狼走在最后。

它们一步一步小心翼翼往前走，后面一只狼的脚稳稳地踩在前面那只狼的脚印上。它们穿过树林，向村庄进发。

母狼凶恶的眼睛里有些不安，它灵敏的鼻子嗅到了刺鼻的红布味儿。接着它看见，在前面的森林边缘地带，有块深色的布片挂在

灌木丛上。

母狼已经上了年纪，见多识广。可还没遇见过这种情况。不过它知道：有布片儿的地方就一定有人在。说不定他们就躲在田里埋伏着呢！

必须往回走。

它转过身，跳跃着跑回密林。公狼跟在它的身后，小狼跟在最后面。

狼群飞快地穿过整个树林，到了树林另一边的边缘地带，又不得不停下来了。

又是布片儿！挂在那儿，像是一条条伸出的舌头。

这窝狼东奔西跑，森林里纵横交错，到处都是布片儿，完全找不到出路。

母狼有一种不祥的预感，忙逃回密林里躺了下来，公狼和小狼也随之躺了下来。

它们走不出这里了。最好还是先忍着饿吧！谁知道人类要干什么？

这些狼饿得肚子咕咕直叫。天好冷啊！

第二天清晨

天刚蒙蒙亮，两支队伍就从村里动身出发了。

第一队人数少，每个人都穿着灰色长衫，他们绕着森林走，悄悄地把挂在那里的小旗子解了下来，然后在灌木丛外面布成链状。这一队是带枪的猎人。他们之所以穿着灰色长衫，是因为其他颜色在冬季的树林里太显眼。

第二队的人数比较多，这一队是手持线轴的农庄庄员，他们守在田里，蓄势待发。然后，按照队长的命令，闹闹嚷嚷地跑进树林。他们在森林里一边走，一边呼喊着，同时不停地用木棍敲击着树干。

追赶

狼在密林里打盹儿，突然从森林方向传来了喧嚣声。母狼从侧面冲向了与村庄相反的另一个方向，它的后面跟着公狼，小狼们跟在最后。

它们紧夹了尾巴，竖起两只耳朵，眼睛直放火光，颈背上的鬃毛都竖起来了。

一路跑到了森林的边缘，却被一块块红布片挡住。

刚想转身往回跑，喧闹声却越来越近。听得出有一大群人追了过来，木棒敲得砰砰响。

向前跑！避开他们。

它们跑到森林的另一边，这里没有红布。

快速向前！

结果整窝狼落进了射击手的包围圈。

灌木丛里射出了一道道红色的火光，震耳欲聋的枪声响了起来。只见公狼高高地跳起，又扑通一声摔在地上。小狼们转着圈子，发出尖叫声。

没有一只小狼能够逃脱士兵的准确射击，只有老母狼不知道逃到了什么地方。至于它是怎么逃走的，没有任何人看见。

从那以后，村子里再也没有丢过牲畜。

打狐狸

经验丰富的猎人都有着非凡的眼力。就拿打狐狸来说吧，他只要看一眼足迹，就能准确判断狐狸的行踪。

一大早，塞索伊·塞索伊奇就走出家门，那会儿刚下过一场雪，在新下过雪的地面上，他发现了一行清晰、整齐的狐狸脚印。我们这位小个子猎人，并没有急着走到足迹前，而是站在原地思考了一会儿。他卸下滑雪板，单膝跪在上面，弯起一个手指伸进脚印里，先竖着，再横着。他又想了一会儿，然后穿上滑雪板，沿着狐狸的足迹滑去，一路上，仔细地盯着足迹。那足迹通向一个灌木丛，在灌木丛处消失了。他从灌木丛中走了出来，走到一个小树林边，缓缓地绕着林子走了一圈。

然而当他从林子的另一边出来后，就立刻快速向村庄跑去。他不需要滑雪杆的帮助，踩着滑雪板在雪上急速滑行。

冬季的白昼时间短暂，可是他光是察看脚印就足足花两个小时。但是塞索伊·塞索伊奇已经下定决心，今天一定要捉住这只狐狸不可。

他跑到我们这儿另外一个猎人谢尔盖的农舍口。谢尔盖的母亲从小窗户看见了他，就走出来站在门口的台阶上，抢先对他打招呼："我儿子现在没在家，也没跟我说他去哪儿了！"

对于老太太的花招，塞索伊·塞索伊奇只是笑了笑，说道："我知道，我知道，他一定在安德烈家里。"

塞索伊·塞索伊奇果然在安德烈家中找到了这两位年轻的猎人。

塞索伊·塞索伊奇一走进去，他俩就不说话了，都觉得有些难为情。原来这两个年轻人是想要瞒着他行动的，可是什么都瞒不过他。谢尔盖甚至从板凳上站起来，想用身体遮住那些卷着小红旗的线轴。

"别藏啦！小子们，"塞索伊·塞索伊奇一本正经地说，"我都知道。昨天夜里，'星火'集体农庄的一只鹅被狐狸拖走了，我知道这狐狸现在躲在哪儿。"

听了这话，两个年轻的猎人惊讶地张大了嘴巴。谢尔盖是在半个小时前碰到一个相邻的“星火”集体农庄的熟人，才知道狐狸从家禽室拖走了一只鹅的事儿。谢尔盖知道后就把这件事告诉他的朋友安德烈。他俩刚在商量着，要在塞索伊·塞索伊奇知道这件事之前就找到那只狐狸。但是，他已经全都知道了。

安德烈抢先说：“是那些多嘴多舌的老婆子告诉你的吧？”

塞索伊·塞索伊奇冷笑了一声，说道：“那些老婆子们一辈子都不可能弄明白这件事。我是通过脚印看出来的。现在我就给你们说说：首先，这是只老奸巨猾的公狐狸，个头很大，因为它的脚印是圆圆的，留在雪地上的痕迹也很清晰，比一般小狐狸的脚印要大。它从‘星火’集体农庄里拖出一只鹅，来到灌木丛边把鹅吃掉了。我已经发现那里了。这只公狐狸十分狡猾，身体肥肥的，皮毛稠密，能卖个好价钱！”

谢尔盖和安德烈互相使了个眼色。

“怎么？难道脚印上这样写着了？”

“没错！如果这是一只瘦狐狸，过着饱一顿饥一顿的日子，那它的毛皮就一定很稀少，而且没有光泽。不过这只老公狐狸呢，由于生性狡猾，总能找到吃的，所以把自己养得肥肥的。它的毛皮一定又厚又密，而且漆黑有光泽，肯定值钱！吃饱的狐狸跟饿着肚子的狐狸的脚印肯定不一样啊！饱狐狸的步态轻盈，像猫儿一样，一步接一步，后脚踩在前脚的脚印上，整齐而清晰。我告诉你们：这样的皮毛在列宁格勒毛皮收购站抢手得很，人们会花大价钱抢着买的！”

塞索伊·塞索伊奇不再说了。谢尔盖和安德烈又彼此使了个眼色，走到房间一角，嘀嘀咕咕了一会儿。然后，安德烈说：“好，塞索伊·塞索伊奇，有话直说吧，你是不是想跟我们合伙来抓这只狐狸？我们不反对！你看，我们也听说了这个消息，连小旗子都准备好了。我们本来是想在你之前行动的，但现实没能按照我们想的那样。那我们就合作吧，但要事先说好：谁的运气好先逮到就算谁的！”

“第一次围猎打到就归你们。”小个子猎人大方地说，“可是如果让它跑掉了，那就没有第二次围攻的机会了，因为这只公狐狸不是我们这里的，只是路过这里。据我所知，我们本地的狐狸，没有这么大个子的。它只要一听见枪响，就会立刻逃得无影无踪，你就是花上两天的时间也别想找着它。还是把这种小旗子留在家吧——老狐狸狡猾着呢！这只老狐狸不止一次被人们围猎了，能躲着呢！”

可是两个小伙子还是坚持带小旗子。他们觉得这样更稳妥些。

“那好吧！”塞索伊・塞索伊奇同意了，“你们既然想带就带上吧！走！”

谢尔盖和安德烈把必需行装准备好，把那两个绕着小旗子的线轴拿了出来，绑在雪橇上。趁着这会儿，塞索伊・塞索伊奇回家换了一身衣服，又找来五个年轻的农庄庄员帮忙。

三个猎人都在短皮袄的外面套上了灰色长衫。

“我们现在是要去打狐狸，而不是打兔子，”塞索伊・塞索伊奇一路开导着说，“兔子不大会辨别。可狐狸要敏感得多，眼睛看异样的东西出奇得尖。只要有点儿什么，它马上就能跑得不见踪迹！”大家很快就到了狐狸藏身的那片小树林，在这里他们分头行动：围猎的人就留在原地不动，谢尔盖和安德烈带着线轮往左走，绕着小林子挂小旗子，塞索伊・塞索伊奇从右边开始挂。

“仔细看着，”行动之前，塞索伊・塞索伊奇又提醒他们，“看看有没有狐狸跑出树林的足迹。尽量别弄出声音！老狐狸可机灵了！它只要听到一点儿声音，就会马上逃走。”

过了不久，三个猎人就把小树林围了起来，并在林子的另一边碰了头。

“一切都弄好了吗?”塞索伊·塞索伊奇问道。

“都弄好了,”谢尔盖和安德烈回答道,“我们仔细察看了,并没有跑出去的脚印。”

“我那边也没看到。”

他们留下一段约有一百五十多步宽的通道,没在这里挂旗子。塞索伊奇给这两个年轻的猎人推荐了最佳的站立位置,然后悄悄地踏上滑雪板,滑到围猎的人们旁边。

半个小时后,围猎就开始了。六个人围成一圈儿,像一张渔网那样在森林中前进,他们边低声呼应着,用木棒敲击着树干。塞索伊·塞索伊奇走在最中间,使队形保持对称。

林子里安静得很。被人碰过的树枝上,轻轻地落下几团松软的积雪。

塞索伊·塞索伊奇紧张地等待着两个小伙子的枪声——尽管这两人和他合作过很多次了,可他还是有点不放心。那只公狐狸是非常罕见的——对此,经验丰富的老猎手绝不会怀疑自己的判断。如果错过了这个机会,以后就再难遇到这种狐狸了。

他们已经走到了小树林的中央,可还是没有听到枪响。

“出什么事了?”塞索伊·塞索伊奇一面在树干间穿行,一面心里不安地想,“按时间计算,狐狸早就该窜到通道口了。”

最后,一行人都走到林子边缘了,也没见狐狸出来。

藏在云杉后面的安德烈和谢尔盖走到了小个子猎人身边。

“没有吗?”塞索伊·塞索伊奇大声问道。

“没看见啊。”

小个子猎人没有多说一句话,转身就往回跑,去检查围猎的地方。

“喂!过来!”几分钟后,人们听到他粗暴的声音。

所有人都急忙赶了过去。

“还说自己是根据足迹捕猎的猎人！”塞索伊·塞索伊奇恶狠狠地冲着这两个年轻猎人责备道，“你们说没有看到狐狸出逃的脚印，那这是什么？”

“兔子的足迹。”谢尔盖和安德烈异口同声地说，“难道这我们还看不出来吗？我们刚才围线的时候就发现了。”

“那兔子的足迹里还有什么？我早就告诉过你们两个大傻瓜，这只狐狸非常狡猾！”

两个年轻猎人看了半天，才在兔子后腿长长的脚印里勉强看到其他野兽的脚印——那是比兔子的足迹更圆更短的脚印。

“你们难道没想到，狐狸为了掩饰自己的行踪，会踩着兔子的脚印走？”塞索伊·塞索伊奇生气极了，“你们看，脚印对着脚印，坑儿对着坑儿。你们这两个傻瓜！白白浪费了大家多少时间！”

塞索伊·塞索伊奇首先沿着足迹向前跑，命令大家把小旗子留在原地。其他人都默默地紧跟在他后面。

在灌木丛里，狐狸脚印与兔子脚印分开了，独自前进，他们沿着整齐的脚印走了好久，走出了狡猾的狐狸设下的圈套。

太阳渐渐隐入淡紫色的云中，一日将尽。大家都垂头丧气，一整天的时间都白白浪费了，脚下的滑雪板也变得沉重起来。

塞索伊·塞索伊奇突然站住了。他指着前方的一片小树林低声说：“老狐狸肯定在那儿，前方五公里就都是空旷的田野了，像一张光滑的桌面，既没有灌木丛，也没有溪谷。野兽不会冒险在这样一大块空地上跑，我敢拿脑袋打赌，它就在这里。”

两个年轻猎手一下子提起了精神，把枪从肩头上拿了下来。

塞索伊·塞索伊奇吩咐安德烈和三个围猎的农民从右侧包抄，谢尔盖带着另外两个人从左侧同时包抄过去。大家立刻向“笼子”里走去。

等他们出发后，塞索伊·塞索伊奇悄悄地钻到林子中央。他知道那里有一小块林间空地。老狐狸无论如何都不会去开阔的空地。但是，无论它从哪个方向穿过小树林，都无法避免要沿着林间空地的边缘溜过去。

这块林间空地的中心地带有一棵高大的老云杉树。旁边有一棵它枯死的同类倒在了它繁盛而粗壮的树干上。

塞索伊·塞索伊奇的脑中闪过了这样一个念头：沿着倒下的枯云杉树干爬上那棵云杉树的顶端。因为在高处一定能看到老狐狸的藏身之处。毕竟这块林间空地的四周除了一些低矮的云杉，就只有几棵光秃秃的白杨和白桦。

但这位经验丰富的猎手随即又打消了这个念头。因为也许在你爬树的时候，狐狸就已经跑掉了。而且在树上开枪也不方便。

塞索伊·塞索伊奇站在旁边两棵小云杉之间的一个树桩上，扳起双筒枪的扳机，认真观察着四周的动静。

几乎突然间，四面八方都传来围猎者低低的声音。

塞索伊·塞索伊奇对自己的判断确信不疑：这只价值不菲的野兽肯定在这儿，就在他身边，随时都会出现。可当一团棕红色的毛皮从两个树干之间闪过时，他还是颤抖了一下。那只野兽居然出乎意料地径直跑到开阔的林间空地上去了，塞索伊·塞索伊奇差一点就要开枪了。

但不能开枪，因为这不是狐狸，而是一只兔子。

这只兔子蹲在雪地上，不安地抖动着它的双耳。

人声从四面八方渐渐逼近。

兔子窜进密林，消失不见了。

塞索伊·塞索伊奇再次进入了紧张的等待状态。

突然右方传来一声枪响。

是打死了，还是打伤了？

从左面又传来第二声枪响。

塞索伊·塞索伊奇把枪放了下来。他猜不是谢尔盖，就是安德烈，总之他们中有一个放了枪，而且得到了这只狐狸。

几分钟后，围猎者都走到了林间空地。和他们一起走了过来的还有面色尴尬的谢尔盖。

“没打中？”塞索伊·塞索伊奇阴沉着脸问。

“它躲在灌木丛的后面，怎么能打得中……”

“唉……”

“看，是它！”旁边传来安德烈的欢乐声，“总算没让它逃走。”

年轻的猎人走了过来，把一只打死的兔子扔到塞索伊奇脚下。

塞索伊·塞索伊奇张开嘴巴，想说点儿什么，但什么也没说就闭上了。围猎者们莫名其妙地看着这三个猎人。

“还说什么呢？祝你满载而归！”最后，塞索伊·塞索伊奇压住火平静地说，“现在，咱们各自回家吧！”

“那狐狸怎么办？”谢尔盖问道。

“你看到狐狸了？”塞索伊·塞索伊奇反问。

“没看见。我只是对兔子开枪，当然你是知道的，它躲在灌木丛后面，所以我们……”

塞索伊·塞索伊奇很无奈，但只是挥了挥手说：“我看见了，山雀把狐狸叼到空中了。”

当大家走出林间空地时，小个子猎人故意落在了大家的后面。此时天还有些亮光，足以分辨留在雪地上的脚印。

塞索伊·塞索伊奇慢慢地、走走停停地绕着小树林转了一圈。

雪地里明显可以看见狐狸和兔子进入林间空地的足迹，塞索伊·塞索伊奇细心地察看狐狸的脚印。

狐狸并没有踩着自己原来的脚印一步一步往回走，这并不符合狐狸的习惯。

而且也没有发现从小树林出逃的足迹——无论是兔子的，还是狐狸的。

塞索伊·塞索伊奇坐在小树桩上，双手支着头，思考起来。最后一个很简单的想法出现在他的脑中：狐狸是会打洞的。可猎人们之前没想到。

等到猎人想到这一点时，天已经黑了，很难再找到这只狡猾的野兽了。

塞索伊·塞索伊奇只好回家了。

动物有时会给人类出最难猜的谜，有些人会被这些谜难住，但塞索伊·塞索伊奇可不是这样的人。即便是那些自古以来在所有民族的人们心目中都以狡猾闻名的狐狸，也难不倒他。

第二天一早，小个子猎人又回到了昨天傍晚找不到足迹的那个地方。此时，他发现了狐狸走出林子的脚印。

塞索伊·塞索伊奇沿着足迹走去，想找到他至今不明的那个狐狸洞。可是那片足迹却把他一直引向林间空地的中央来了。一行清晰整齐的脚印通向干枯的云杉，沿着云杉的树干向上攀升，最后消失在高大的云杉树的稠密树叶之间。他发现离地约八米高的位置，有一根粗大的树枝上面没有雪迹，看来是被卧在树枝上面的野兽碰落了。

原来昨天那只老狐狸就卧在塞索伊·塞索伊奇的头顶上。如果狐狸这种动物也会讥笑别人的话，那它一定会嘲笑这个小个子猎人，笑到全身前后晃动。

不过，经过这件事后，塞索伊·塞索伊奇就深信不疑：既然狐狸会上树，那它们会笑也就不奇怪了。

来自全苏联各地的无线电通报

请注意！ 请注意！

我们是列宁格勒广播电台《森林报》编辑部。

今天是12月22日，冬至。我们发布本年度的最后一次广播——来自苏联各地的无线电通报。

我们呼叫冻土带、草原、原始森林、沙漠、山脉和海洋。

请告诉我们，在这隆冬时节，在这一年当中白昼最短、黑夜最长的一天里，你们那儿现在是什么情况？

请收听！请收听！

来自北冰洋极北岛屿的播报

此时我们这里是漫长的黑夜。太阳已经离开我们落到大洋后面。在春天到来之前，是不会再看见太阳了。

海面被冰层所覆盖。我们岛屿的冻土上也成了冰雪的世界。

还有哪些动物留在我们这里过冬呢？

海豹生活在海洋的冰层下面。它们在冰层还比较薄的时候，就为自己在冰层上打一些通气孔，并且努力让这些通气孔保持通畅，只要通气孔的表面结上了冰，它们就会尽快用嘴将其打通。海豹游到这些通气孔处呼吸新鲜空气，有时也会爬到冰面上，在冰面上休息、睡觉。

这时一头公白熊正偷偷走近这些海豹。这些公白熊跟母白熊不同，它们不会钻到冰窟窿里睡上一整个冬天。

冻土层的雪下生活着一种短尾巴的旅鼠，它们挖出一条条通道，啃食埋在雪下的野草。雪白的北极狐用鼻子嗅出它们的气味，然后把它们从雪底挖出来。

北极狐还可能捕食一种野禽——冻土带的沙鸡。当冻土带的沙鸡钻进雪里睡觉时，嗅觉灵敏的小狐狸会轻松地偷偷走近并将它们捉住。

除了它们，我们这儿的冬季就没有别的鸟兽了，就连那些北极鹿，也会在冬天来临之前离开这个被冰封的岛屿，前往原始森林。

如果整个冬季都是夜晚，漆黑一片，没有太阳，那我们能看到什么东西呢？

事实上，即使我们这儿没有太阳，也会有亮光。首先，月亮会悬挂在空中。其次，我们这里时常会出现北极光——北极地带特有的光。

神奇的北极光变幻着各种颜色，有时像一条飞舞着的彩带，在北极上空展开；有时像瀑布一样直泻而下；还有时像一根根伫立的柱子或者一把把锋利的宝剑。在北极光的照耀下，纯白的积雪光芒四射，整块冰原变得像白昼一样光亮。

那天冷吗？当然，冷得要命，有风，还有暴风雪——那暴风雪可真厉害，我们已经有一个星期连鼻子都不敢伸出被白雪覆盖的小屋子了。不过，对于我们苏联人，没什么可怕的。我们年复一年地向着北冰洋的更深处进发，而我们勇敢的苏联极地勘察人员早就开始研究北极了。

来自顿尼茨草原的播报

我们这儿有时也会下点儿小雪。但我们无所谓，我们这里的冬天并不长，也不会那么冷，甚至有的河流都不封冻。野鸭从湖泊飞到这里，就不再继续往南飞了。白嘴鸦也从北方飞过来，停在我们这儿的乡镇和城市里。它们在这儿有足够的食物，能够让它们生活到来年的三月中旬，到那时再飞回故乡。

还有来自遥远冻土带的客人飞到我们这里过冬，其中有雪鹀、凤头百灵、个头很大的北极白鸮等。北极白鸮在白天捕猎，否则它如何在冻土地带度过夏天呢？要知道那时整日都是白昼啊。

在辽阔的被白雪覆盖的草原上，一到冬天，人们就无事可做，但是在地下我们的活儿却很多：在深深的矿井里矿工们忙着用机器挖煤，用电力升降机把挖到的煤送上地面，再用火车把它们运送到全国各地，送到大大小小的工厂里。

来自新西伯利亚原始森林的播报

原始森林里的积雪越来越厚了。猎人们踏上滑雪板，成群结队地去原始森林狩猎了。他们拖着一辆辆装着食品等必需品的轻便雪橇。跑在他们前面的是许多猎狗，它们竖着尖尖的耳朵，拖着毛茸茸的卷尾巴，这是北极犬。

原始森林有无数淡蓝色的松鼠、珍贵的黑貂、毛茸茸的猞猁、雪兔、硕大的麋鹿、棕红色的黄鼠狼（它的毛可以为画家做最上等的画笔）、白鼬（曾经沙皇的黄袍就是用它的皮毛做的，现在人们常用它的皮毛来给孩子们做帽子）等。这里还有好多棕色的火狐和褐色带黑的玄狐，无数美味的榛鸡和松鸡等。

熊早已在自己隐秘的熊洞里冬眠了。

猎人们常常在大森林里一待就是好几个月，晚上就在过冬用的小窝棚里过夜。短暂的白昼都忙着捕捉各种飞禽走兽。他们的北极犬则在这段时间在大森林里跑来跑去，去闻、去看、去听，四处寻找着松鸡、松鼠、黄鼠狼、麋鹿乃至正在睡觉的熊。

在这些猎人回家的时候，身后拖着的轻便雪橇上都满载着沉沉的猎物。

来自卡拉库姆沙漠的播报

春秋两季的沙漠并不荒凉，到处生机勃勃。

而夏冬两季的沙漠却是死气沉沉的。夏天的时候，除了酷暑，什么也没有；冬天的时候，除了严寒，也什么都没有。

一到冬天，鸟兽就飞的飞，跑的跑，逃离这个可怕的地方。南方明亮的阳光徒劳地照耀着这无边无垠的被白雪覆盖的地方，那里什么也没有，没有谁会来欣赏这晴朗的天气。虽然阳光会融化积雪，但雪下也只是气死沉沉的黄沙。不过在这黄沙的深处也有一些动物，只是它们在那里僵硬了，冬眠了。这些动物有：乌龟、蜥蜴、蛇、昆虫，甚至一些热血动物——田鼠、黄鼠、跳鼠等等。

狂风尽情地在辽阔的原野上肆虐，没有谁能阻止它，在冬天，它就是沙漠的主人。

不过，这种情形不会一直这样下去。人类正在征服沙漠，我们开凿渠道、植树造林。在不久的将来，无论是夏季还是冬季，沙漠都会充满生机。

来自高加索山区的播报

在我们这里，夏天里既有冬天也有夏天，而冬天里也是既有冬天也有夏天。

即便在盛夏，炎热的阳光也融化不了卡兹别克山峰和厄尔布尔士山峰这样高耸入云的山峰上的常年积雪和冰层。即使是冬季的严寒也无法征服这些山峰，我们这儿的山谷和海滨照样有鲜花盛开。

寒冬将岩羚羊、野山羊和野绵羊逐下了山峰，可无法将它们再往下驱赶了。冬天时山顶下雪，而在下面的谷地里却降下了温暖的雨。

前不久我们在自己的果园里摘了橘子、橙子和柠檬等，并把它们上交给国家。此时我们的果园里还有开花的玫瑰，嗡嗡叫的小蜜蜂。而在向阳的山坡上正盛开着第一批野花，其中有长着绿色花蕊的白色雪莲花，还有黄色的蒲公英。我们这儿的鲜花终年盛开，母鸡终年下蛋。

冬天，当寒冷和饥饿降临的时候，我们的野兽和鸟类不需要远远地离开它们夏天居住的地方。它们只要去半山腰或是山脚下的谷地就行了，在那里，它们可以找到充足的食物和温暖的住处。

我们高加索山区收留了很多躲避北方酷寒的难民，为它们提供了充足的食物和温暖的生存环境。

到我们这儿过冬的客人有：苍头燕雀、椋鸟、百灵鸟、野鸭，还有长嘴巴的丘鹬。

今天是冬季的转折点，是一年当中白昼最短、黑夜最长的一天。在我国的一端——北冰洋，我们的朋友都没法出门了，那儿的暴风雨肆虐，天气寒冷。可是在我国的另一端，在我们这里，人们出门时不用穿大衣。这里的新年时节，白天阳光明媚，夜晚星光灿烂。群峰直插云霄，明净的天空中，一弯新月，像细细的镰刀一样俯视着群山。而在我们脚下，平静的大海里微波轻轻荡漾。

来自黑海的播报

今天，黑海的微波轻轻地拍打着海岸。海滩上，在温柔海浪的冲刷下，海滩上的鹅卵石懒洋洋地唱着催眠曲。深色的水面上映出一弯细细的镰刀一样的新月。

暴风雨早已经过去了。在它到来时，我们的大海波涛汹涌，掀起的白色浪涛疯狂地冲击着山岩，它发着咝咝的声音和轰隆隆的巨响从远处向岸上飞溅。这还是秋季的情景，在冬季，我们很少受到狂风的侵扰。

黑海没有真正意义上的冬天，只是海水微微降温，北海岸一带会在短时期内结点薄冰。我们的黑海一年四季都碧波荡漾，欢乐的海豚在水中嬉戏着，黑色的鸬鹚在海面上时隐时现，白色的海鸥在海面的上方翱翔。巨大而漂亮的内燃机船和轮船一年四季在海上航行，摩托快艇和轻便的帆船在海面上急速行驶。

潜水鸟，各色各样的潜鸭，还有长喙下面长着一个用来装鱼的大袋子的浅红色的胖鹈鹕都来到这儿过冬。我们黑海的冬天与夏天一样，都不寂寞。

列宁格勒《森林报》编辑部的播报

正如大家所看到的，我们祖国的春夏秋冬各不相同，但这一切都属于我们，这一切构成了我们伟大的祖国。

挑选一个你心中最喜欢的地方吧，不论你走到哪儿，不论你在哪儿定居，到处都有良辰美景在等着你来欣赏，到处都有事业在等着你来完成：研究、发现我们国家新的美景和财富，营造全新的、更美好的生活。

在此，我们结束了今年的第四次，也就是本年度的最后一次无线电广播。

再会了！再会了！明年再见！

公告

在森林、田野和花园里自学森林常识

人人都能做到。

一边走，一边仔细观察野兽和鸟类在雪地上留下了什么样的足迹，学会阅读冬季这本伟大的白色之书。

请记住无家可归、忍饥挨饿的森林小朋友

艰难啊，艰难！冬季里，会唱歌的小鸟和其他小鸟正艰难度日！它们正在寻找可以躲避寒冷、躲避可怕寒风的住所——如果找不到，就得等待死亡。

SOS！SOS！SOS！请救救它们吧！

伸出援助之手！

为小鸟们制作过夜的小木屋吧！为灰山鹑在田野里放置用云杉枝条和干草束建造的小窝棚吧！

为鸟儿们建立食堂吧！

邀请亲爱的客人——山雀和䴓

山雀和䴓很喜欢吃油脂，只是不能吃咸的，因为吃了咸的，它们的胃会痛。

如果有人想邀请这些可爱而好玩的小鸟儿到自己家做客，一方面为了欣赏它们，另一方面是为了在它们困难的时候给它们喂食，那么应该这样做：拿出一根木棍，在上面钻一排小孔，在孔里装上油脂（猪油或牛油）。然后让油脂冷却，把木棍挂在窗外，更好的是

把它挂到窗外的树上。

这些快乐的小客人是不会让你久等的，为了报答你的款待，它们会表演各种把戏：在树枝上打转、脑袋朝下翻筋斗、向旁边跳跃等等。

请灰山鹑光临我们的窝棚

我们在田里为美丽的田间山鹑安置了一些用云杉树枝搭建的小窝棚。

我们还在窝棚里撒上大麦和燕麦粒招待它们。

冬 · 第二期

饥饿难耐之月

1 月 21 日—2 月 20 日

太阳落入宝瓶座

一年是一部分成十二个月的太阳诗篇

一月，是冬季的中点，却是新年的开始，迎接着春天。

大地、水面和森林都盖上了一层雪被，周围的一切似乎都昏昏睡去，永不会苏醒。

在艰难的日子里，生灵都学会了巧妙地佯装死亡。野草、灌木丛和乔木都停止了生长，但是它们并没有死亡。

寂静的白雪下面蕴藏着强大的生命力，蕴藏着生长、开花的力量。松树和云杉将自己的种子完好无损地保存在自己小拳头般的球果里。

那些冷血动物们，都躲藏起来冬眠了。不过它们同样都没死，就连螟蛾这样柔弱的小动物也没死，钻到了各自的藏身之所。

鸟类是热血动物，所以它们从不冬眠。许多兽类，甚至连小小的老鼠，整个冬天也都在奔走忙碌。还有一件事很奇怪：在雪下洞穴里冬眠的母熊，在一月份的严寒天气里，竟然生下了一窝还没有睁开眼睛的小熊仔。虽然它自己一整个冬天都不吃不喝的，却要用自己的乳汁喂养它的小熊仔直到春季来临！

森林要闻

森林里冷啊，好冷啊

寒风在空旷的田野上游荡着，在光秃秃的白杨和白桦之间急速穿行。它钻进飞禽缩紧的羽毛，钻进兽类厚厚的皮毛，使它们的血液变得冰凉。

无论在地上，还是在树枝上，都找不到任何栖身之处了。到处都是皑皑白雪，手掌已经完全冰凉了。必须跑着，跳着，飞着，才能稍微暖和一点。

谁要有温暖舒适的洞穴或是巢穴，又有充足的食物，那它一定十分满足。它每天都可以吃得饱饱的，把身子蜷缩成一团，然后久久酣睡。

吃饱了不怕冷

对鸟兽来讲，最重要的就是填饱肚子。

饱餐一顿可让它们体内发热，血液也变得温暖，然后沿各条血管传至全身。它们皮下的脂肪，是暖和的毛皮或羽绒里面最好的衬里。无论是多么凛冽的寒气，即使能透过绒毛，钻进羽毛，也绝不能穿透那层皮下脂肪。

如果食物足够充足，冬天就没有那么可怕。可是，它们在冬天里去哪儿找食物呢？

狼和狐狸都在森林里奔走徘徊，可是森林里空荡荡的，所有鸟兽都藏的藏，飞的飞。白天，渡鸦飞来飞去；夜晚，雕鸮在空中徘徊。它们都在寻找猎物，可是什么猎物都找不到。

留在森林里真饿啊，真饿！

跟在尾巴后面

渡鸦最先发现一具马尸。

“呱！呱！”一大群渡鸦飞了过来，准备享用这顿丰盛的晚餐。

这时已是傍晚时分，天渐渐黑了，月亮出来了。

从森林里传来了呜呜的声音。

渡鸦飞走了，雕鸮从森林中飞了出来，落在尸体上。

它用自己尖尖的钩嘴撕扯着一块肉，晃动着耳朵，翻着白眼皮，刚想饱餐一顿，突然从雪地上传来一阵沙沙的脚步声。

雕鸮飞上了树，一只狐狸冲到马尸跟前。

狐狸“咔嚓咔嚓”撕咬了几口，还没吃饱呢，一只狼过来了。

狐狸钻进灌木丛，狼扑到了马尸上。看到食物，它浑身的毛都竖了起来，用像刀子一样锋利的牙齿撕着马肉，嘴里满足地发出“咕噜咕噜”声，四周什么声音都听不到了。它时不时抬起头看看四周，把牙咬得咯咯作响，好像在说：“谁都别过来！”然后，又继续埋头大吃起来。

忽然它的头上传出一阵沉闷的咆哮，狼差点被吓趴下，夹起尾巴逃走了。

原来是森林之王——狗熊，走了过来。

这回其他动物都别想走近了。

到了黑夜将尽的时候，熊才吃饱，然后回去睡觉了。可狼还一直夹着尾巴等着呢。

熊刚走，狼就走了过去。

狼吃饱了，狐狸来了。

狐狸吃饱了，雕鸮又飞来了。

雕鸮吃饱了，渡鸦才敢飞回来。

就这样，快到早上时，它们把免费的晚餐吃得一干二净，仅剩下一点儿碎骨头。

芽儿在哪儿过冬

现在，所有植物都在休眠状态之中。但是它们都在做迎接春天的准备，有的植物已经开始繁育自己的芽儿。

这些芽儿在哪儿过冬呢？

树木的芽儿是高高地悬在地面上过冬的，而各种小草的芽儿则各有各的生长环境。

比如，树林繁缕的芽儿被包在耷拉的茎脉的叶子里。这种小草的芽儿是活着的，嫩绿的，可是它们的叶子却从秋天起就枯黄了，整棵植物看上去就像死了一样。

而触须草、卷耳、阔叶林中的草以及其他低矮的小草，在雪下不仅保护自己的芽，也把自己保护得完好无损，以便来年穿着一身绿衣裳迎接春天的到来。

这些小草的芽都是在地面上过冬的，虽然它们离地不是很高。

另一些植物的芽的过冬方式就不同了。

去年的蒿草、牵牛花、草藤、睡莲和驴蹄草，此时在地面上除了近乎腐烂的叶和茎，什么都没留下。

如果想要找到它们的芽儿，你就得到紧挨地面的地方找。

草莓、蒲公英、三叶草、酸模、千叶蓍的芽儿，也是在地面上过冬，只不过，这些芽儿被绿叶的莲座叶丛包着。这些草儿在从雪底下露面的时候就穿了一身绿衣。还有许多其他的草类是把自己的芽儿藏在地底下过冬的。比如银莲花、铃兰、舞鹤草、柳穿鱼、柳兰、款冬等芽儿长在根茎上的草；野大蒜、顶冰花等芽儿长在鳞茎上的草；芽儿长在块茎儿上的紫堇。

以上就是地上植物的芽儿过冬的方法。而那些水生植物的芽儿，则是埋在池塘或是湖泊底部的淤泥里过冬的。

尼·帕夫洛娃

小木屋里的山雀

在饥饿难耐之月，所有森林野兽，所有鸟类，都在想尽办法向人们的住宅靠近。因为在这里比较容易找到食物，它们可以靠残羹剩饭来充饥。

饥饿能让这些鸟兽战胜恐惧，使那些谨慎的林中居民不再惧怕人类。

黑琴鸡和灰山鹑都偷偷钻进了打谷场和粮仓；灰兔来到了菜园；白鼬和伶鼬在地下室里抓老鼠吃；雪兔常常跑到村子边的干草垛里啃食干草；而一只勇敢的小山雀，居然从敞开的大门飞进了我们的通讯员居住的森林小木屋里。它的羽毛是黄色的，双颊呈白色，胸脯上有一道黑条纹。它旁若无人，飞快地啄食餐桌上的食物碎屑。

小屋的主人把门关上，于是山雀成了人们的俘虏。

它在这间小木屋里住了整整一星期。没有人惊扰它，但也没有人喂它，可是它却一天比一天胖起来。它整天都在屋子里找吃的。它寻找蟋蟀，抓睡在木板缝隙里的苍蝇，也啄食人们的食物残渣。到了夜晚，它们就钻到俄国式壁炉后面的小裂缝里睡觉。

几天之后，小屋里的苍蝇、蟑螂都被它吃了，它就开始啄食面包，还啄坏了书本、纸盒、软木塞——凡是被它看见的，它都要乱啄一通。

这时小木屋的主人只好打开房门，把这个小小的不速之客逐出小木屋。

我们如何打猎

一大清早，我就跟着爸爸出门打猎了。早晨真冷啊！雪地上有许多脚印。爸爸说：“这是动物新踩出的脚印。离这儿不远的地方一定有一只兔子。”

爸爸让我沿着兔子的脚印走，他自己则留在原地等候。因为兔子有这样一种习惯：如果被人从躲藏的地方赶了出来，它就会先绕个圈子，然后沿着自己的足迹原路返回。

我顺着兔子的脚印往前走。足迹很长，我就得一直往前走。不一会儿，我发现它蹲在一丛柳树下面。受了惊吓的兔子兜了个圈儿，然后沿着自己原来的脚印往回跑。我焦急地等待着枪声。一分钟过去了，两分钟过去……突然，一声枪响打破了沉寂。我朝着枪响的地方跑过去，很快我就看见了爸爸，而在离他大约十米的地方躺着一只兔子。我捡起兔子，和爸爸带着这个猎物回家了。

森林通讯员　维克多·达尼连克夫

从树林里跑出来的老鼠

森林里许多老鼠的储备食物已经不够吃了。为了躲避白鼬、伶鼬、黄鼬和其他食肉动物的捕食，许多老鼠逃离了自己的洞穴。

然而大地和森林都被积雪覆盖着，没有什么东西可吃。这支忍饥挨饿的老鼠队伍就搬出了树林。它们将严重威胁到人类的粮仓，所以我们要提高警惕。

伶鼬沿着野鼠的足迹跟过来。可是这些动物的数量太少了，它们无力捕捉并消灭所有的老鼠。

请保护好自己的粮食，免遭啮齿动物的祸害！

法则对谁不起作用

现在所有的林中居民都在被寒冬折磨着。森林法则是：到了冬天，动物们要千方百计使自己摆脱寒冷和饥饿的侵袭，而孵化小鸟的事情此刻已经没工夫去想了。繁衍后代是夏季的事情，那时天气温暖，食物充足。

话虽如此，但是对于那些在冬天里依然有充足食物的动物，这些法则就不起任何作用了。

本报通讯员在一棵高大的云杉树枝上发现了一个小鸟的窝。鸟窝所在的树杈被积雪覆盖，窝里居然还有几枚鸟蛋。

第二天，我们的通讯员来到这里。正好碰上了严寒，人们的鼻子都冻红了。可是他们往鸟窝里一看，居然发现了几只孵出的幼鸟，它们正光溜溜地躺在窝的中央，眼睛还没睁开呢。

怎么会有这样的怪事！

其实这没什么可奇怪的。这是一对交嘴鸟在云杉树上做的窠，并在里面孵出了幼鸟。

交嘴鸟可不畏惧冬天的寒冷与饥饿。

我们终年可以在森林里看见一群群这样的鸟儿。它们彼此欢乐地呼应着，不停地从一棵树飞到另一棵树，从这一片森林飞到另一片森林。它们长年累月地过着居无定所的生活：今天待在这儿，明天待在那儿。

春天的时候，所有鸣禽都会成双结对地给自己挑选一个住处，然后定居下来，直到孵化出小鸟儿。

可是交嘴鸟此时却成群结队地在所有树林里到处流浪，不在任何地方久待。

在热闹的交嘴鸟群里，我们一年到头都能看到老鸟和幼鸟在一起的场景，好像这些幼鸟就是在空中、在飞行的时候诞生似的。

在我们列宁格勒，交嘴鸟还被称为“鹦鹉”。人们之所以这样称呼它们，是因为它们的羽毛像鹦鹉一样多彩鲜艳，而且还因为它们也能像鹦鹉那样在小棍子上转来转去。

雄交嘴鸟的羽毛是橘红色的，但各处的深浅不一；雌交嘴鸟和幼鸟的羽毛是绿色和黄色的。

交嘴鸟的脚爪非常有力，嘴也非常善于叼东西。它们喜欢头朝下倒悬——用脚爪抓住上面的细树枝，用嘴衔住下面的细树枝。

还有一件不可思议的事情：交嘴鸟死后很久尸体都不会腐烂。一只老交嘴鸟的尸体可以保存二十年左右，一根羽毛都不会掉落，也不会散发出气味，像木乃伊似的。

但是最有趣的是交嘴鸟的嘴。它的嘴是其他所有鸟类都没有的。

它的嘴是呈十字交叉形：上半片嘴向下弯，下半片往上翘。

交喙鸟的嘴是一切奇迹产生的原因，是所有谜底所在。

交喙鸟出生的时候，它的嘴巴是直直的，和别的鸟一样。可是等到它稍微长大一些，就开始用嘴从云杉和松树的球果里啄取种子。那时它柔软的嘴就渐渐变成了十字交叉的形状，以后终生就保持着这个样子。这对交嘴鸟非常有利，十字形的嘴方便它把种子从球果里啄出来。

现在该把一切谜底都揭晓了。

为什么交嘴鸟一辈子都在森林里流浪呢？

因为它们一直在寻找球果收成好的地方。今年，我们列宁格勒州的球果大丰收，交嘴鸟就飞到了我们这里待着。如果明年北方的什么地方球果大丰收，交嘴鸟就飞去那儿。

为什么冬天的时候交嘴鸟还放声高唱并在雪中孵化幼鸟呢？

为什么在食物充足的时候，它们不欢唱，也不孵幼鸟呢？而且

它们的窝里那么暖和，有绒毛、羽毛和软绵绵的兽毛。雌交嘴鸟从生下第一个蛋后，就不再飞出窝了。雄交嘴鸟会给它衔来吃的。

雌交嘴鸟待在窠里，孵着蛋，等到幼鸟破壳而出后，交嘴鸟妈妈就会把自己在嗉囊里软化了的云杉和松树的种子吐出来喂它们。要知道，松树和云杉树上一年四季都有球果，是吃不完的。

一对交嘴鸟喜结连理了，想住在自己的窝里生儿育女，于是它们会离开鸟群。无所谓是冬天、夏天还是秋天（人们一年四季都可以找到交嘴鸟的窝），它们想离开的时候就会离开。它们做好窝就搬进去，等到幼鸟长大了，整个一家子又会重新汇入鸟群之中。

为什么交嘴鸟死后会变成木乃伊呢？

原因就在于它们以球果为食。在云杉和松树的种子里面含有大量树脂。交嘴鸟在漫长的一生中，全身会渐渐被树脂渗透，就像皮靴被柏油浸透一样。正是树脂使它们的身体在死后不腐。

要知道，埃及人也是往死者的尸体上涂树脂，才把死尸变成木乃伊的。

见风使舵

晚秋时节，一只狗熊为自己选了一块地方作洞穴，就在一座小云杉树云集的小山坡上。

它用脚爪剥下一条条窄而长的小云杉树皮垫在洞穴里，然后在上面再铺上软软的苔藓。它将洞穴周围的小云杉啃倒，把它们盖在洞穴上方当“屋顶”，然后自己爬进去，一整个冬天安然入睡。

但是没到一个月，它的洞穴就被一条猎狗找到了，熊好不容易才从猎人的枪口下逃脱。它只好直接睡在雪地上了，以便能听见地面的声音。可是即使在这里也还是被猎人发现了，它再一次勉强脱险。

于是它又第三次藏起来。这次它藏的地方，谁也不会想到。

直到来年春天，人们才发现：原来高明的狗熊竟然睡在了高高的树上。这棵树上部的树干不知在什么时候被风暴吹折过，于是便向天生长，长成了一个坑形。夏天的时候，曾有大雕将干树枝架在这儿，然后在里面铺上柔软的垫子，它在这儿孵完幼鸟后就飞走了。而在冬天，这头在自己的洞穴里受了惊吓的狗熊，竟然爬到了这个空中的“洞穴”里。

城市新闻

免费食堂

各种鸣禽正在忍受着饥饿和寒冷。

一些有爱心的城市居民在花园里或直接在自家窗台上为它们设置了小小的免费食堂。有的人把小块面包屑、牛油用线串起来，挂在窗外。还有的人把盛着谷物和面包的小筐放在花园里。

山雀、褐头山雀、蓝雀，有时还有黄雀、白腰朱顶雀和其他冬季客人，成群结队地飞到这些免费食堂来享用美食。

学校里的森林角

无论你走到哪所学校，都会在那里看到一个森林角。在森林角的箱子里、罐子里和笼子里生活着各种各样的小动物。这些动物都是孩子们夏天去郊外游览时捉来的。现在孩子们要操心的事情太多了：得让所有动物吃饱喝足，得给每一只动物按照它们的生活习性安排一个合适的住处，还得小心看管它们，不能让它们逃跑。这里的动物有鸟类、兽类，还有蛇、青蛙和各种昆虫。

在一个学校里，我们看了一本孩子们在夏天时写的日记。看起来，他们收集动物建立森林角是一件很有意义的事情，不是浪费时间。

6 月 7 日这天，日记本上这样写着："今天我们贴出通告，要求大家把各自收集到的动物交给值日生。"

6 月 10 日这天，值日生是这样写的："图拉斯交上来一只天牛。米罗诺夫交上来一只甲虫。加甫里洛夫交上来一条蚯蚓。雅克夫列夫交上来一只瓢虫和一只在荨麻上活动的小甲虫。博尔晓夫交上了一只篱莺……”

几乎每天的日记都是如此。

“6 月 25 日，我们去一个池塘边郊游。在那里我们捉到很多蜻蜓的幼虫和其他虫子。此外，我们还捉到一条蝾螈，这正是我们非常想要的东西。”

有的孩子甚至还详细地描述他们抓到的动物：“我们收集了水蝎子、水蚤，还有几只青蛙。青蛙有四条脚，每条脚上有四个脚趾头，它的眼睛是黑色的，鼻子上有两个小孔，它的耳朵非常大。青蛙是一种对人类有很大益处的动物。”

冬天的时候，孩子们还合伙去商店里买了一些我们州没有的动物：乌龟、羽毛艳丽的小鸟、金鱼、豚鼠。你一进屋，就能看见各种各样的动物，有的毛茸茸的，有的光溜溜的，还有的披着羽毛。它们有的叽叽叫，有的发出悦耳动听的啁啾声，还有的哼哼唧唧。简直像一个真正的动物园。

孩子们还想到彼此交换动物的好办法。夏天，一个学校的孩子们捉到许多鲫鱼，而另一所学校的孩子们养殖了许多家兔，多得都没地方养了。于是两个学校的孩子们开始交换：四条鲫鱼换一只家兔。只有低年级的孩子们才会做这样的事。高年级的孩子们都有自己的组织，几乎每一所学校里都有少年自然科学研究小组。

在列宁格勒的少年宫里有一个研究小组。这个小组是由各学校选派的最棒的少年自然科学研究者组成。年轻动物学家和植物学家们在那里学习观察和捕捉各种动物的方法，学习如何照料自己饲养的动物，以及怎么制作动物标本，怎么采集、晾晒和制作植物标本。

整个学年，从开始到结束，小组成员们经常到城外、到其他各个地方去参观游览。夏天，全体成员一起去远离列宁格勒市的地方考察。他们在那里一住就是一个月，每个人都忙着自己的工作：植物学研究者们采集各种植物标本；哺乳动物研究者们捕捉老鼠、刺猬、土拨鼠、小兔子和其他小动物；鸟类研究者们四处寻找鸟窠、观察鸟类的生活；爬虫学研究者们捕捉青蛙、蛇、蜥蜴、北螈等；水族学研究者们捕捉鱼和各种水族动物；昆虫学研究者们捕捉蝴蝶、甲虫等，研究蜜蜂、黄蜂、蚂蚁的生活习性。

少年工作者米丘林在学校的实验园地上种植果树和林木的幼苗，并在自己不大的菜园里获得大丰收。

所有人都在日记里详细地记录下自己的观察和工作情况。

无论刮风下雨，无论寒露酷暑，田野、草场、江河、湖泊和森林中的生命，集体农庄庄员们的农活，没有一样逃过了这些少年自然界研究者们的注意。他们研究的是我们祖国的数量巨大而种类繁多的生物资源。

在我们的祖国，无数未来的科学家、研究人员、猎人、动物足迹研究者、大自然改造者正在茁壮成长。他们是前所未见的新一代。

与树同龄的人

我今年十二岁，正好和我们市的街道两边的那些槭树同龄：它们是少年自然界研究小组在我出生那天种下的。

你们看：槭树的身高已经是我身高的两倍了！

谢廖沙·波波夫

祝您钓到大鱼！

你能相信吗？冬天也有人钓鱼！

冬天钓鱼的人多着呢！因为并非所有鱼类都像鲫鱼、冬穴鱼、鲤鱼那样要冬眠，很多鱼都是在最冷的时候才睡觉。而流浪者江鳕鱼整个冬天都不睡，甚至还在冬天产卵——它在一月和二月产卵。

法国人常说："睡觉的人，不吃也饱。"

可那些不睡觉的，就得吃饭才行。

用金属制的鱼形鱼钩来钓冰下的淡水鲈鱼，往往会有很多收获。最难的事是寻找鱼类冬天时的栖息地。在不熟悉的江河或是湖泊里钓鱼的时候，只能根据某些一般性标记来判断。在大致确定位置后，就在冰上凿几个小洞，试一试是否有鱼上钩。

那些可以依据的标记有如下几种：

如果这条河有个急转弯，而且转弯的地方位于高高的悬崖下方，那么这里可能会有一个深深的水坑，天冷的时候鲈鱼就会成群结队地在此聚集。如果有一条清澈的林间小溪流入湖泊或是河流中，那么在河口下游不远的地方应该有一个深坑。芦苇和席草只能在水浅的地方生长，所以在湖泊和河流中，在芦苇和席草丛的后方也会有一个凹地。这里往往就是鱼儿的聚集地。

钓鱼人用破冰铁杵在冰上凿一个直径 20～25 厘米大小的冰窟窿，然后把拴在用牛皮筋或毛发制成的钓丝上的鱼形钓钩放进冰窟窿。先把鱼钩垂到水底，以便测出这里的水深，然后再把鱼钩不断地上下移动，但垂下鱼钩时不需要再接触水底。鱼钩在水里晃动着，忽闪忽闪的，像是一条活生生的小鱼。鲈鱼生怕这到嘴边的猎物逃走，就一个纵身扑了上去，把鱼饵连鱼钩一起吞进肚。如果没有鱼儿上钩的话，渔夫就会换到别处重新凿洞。

要捕捉夜间流浪汉江鳕鱼，需要用冰下捕鱼工具。这是一种短短的带一列钩的粗绳子，上面系着三五根用丝线或是马鬃编成的小绳，小绳彼此分开，间距约为七十厘米。小绳子上拴着鱼钩，鱼钩上拴有饵食——小块的鱼肉或蚯蚓。粗绳子的末端系有一块重物，带着绳子沉入水底。水流把带有鱼饵的鱼钩一个一个地冲到冰下。

粗绳子的上端拴上一根棒子，架在冰窟窿上，就这样一直架到第二天早晨。

钓江鳕鱼的好处就是不需要像钓鲈鱼那样长时间站在河上挨冻。只需第二天早晨到冰窟窿前把棒子拿起来。这时你会发现冰下钓鱼绳吊着一条又长又黏的，身上有着虎皮纹的鱼儿，它的身体两侧是扁平的，下巴上长着一根长须。这就是江鳕鱼。

林野特辑

猎捕“流浪者”

冬天正是捕捉大型猛兽——狼、熊的好时节。

冬末是林间居民最饥饿的时段。饿急了的狼壮着胆子，成群结队到处乱窜，甚至敢在村庄附近出没。熊要么躲在洞里，要么在森林里游荡。“流浪者”是那样一些熊，它们到晚秋的时候还在靠啃食动物尸体和家畜过日子，所以没来得及做好冬眠的准备，现在只好躺在方便听见地面动静的雪地上了。到处游荡的还有这样一些熊，它们在洞里受到惊扰，吓得不敢再回去，但是又不想再给自己找个新的洞穴。

猎捕游荡的熊得用围猎的方式，大伙儿乘着滑雪板，带着猎犬去追捕。猎犬会在深雪里追赶它们，直到猎物停下来为止。猎人只需要乘着滑雪板，紧跟在猎犬的后面。

捕猎猛兽可不是打飞禽，随时都可能发生猎物变成猎人、猎人被追成猎物的事情。

在我们州的狩猎历史上，就发生过这样的事儿。

带着小猪崽去打狼

深夜里独自一人去田野里打狼是一种很危险的狩猎方式，很少有人能这么大胆。

但是这样勇敢的人我还真见过一次。

我们现在要讲的就是这么一个勇敢的人。他把一匹马套在无座雪橇上，拿着猎枪，将一只小猪装在麻袋里放在雪橇上，在一个满月的夜晚，出了村子。

村子周围经常有狼出没，村民们不止一次抱怨狼的凶狠蛮横：它们竟肆无忌惮地闯到村子里来了。

猎人拐了个弯，离开大道，悄悄地沿着森林边缘向荒地走去。

他一手紧握缰绳，一手时不时地揪几下小猪的耳朵。

小猪的四条腿被捆着，身子躺在麻袋里，只露出个脑袋在外面。

小猪的任务就是发出尖叫声，把狼引来。它当然会用力不停地尖叫，因为小猪的耳朵很软，被人揪耳朵时会特别疼！

狼群没有让猎人等很长时间。过了不一会儿，猎人就发现森林里闪着绿中带红色的火光。火光在黑黝黝的树干间不安地来回移动着。这是狼的眼睛在闪烁。

马儿打起了鼻响，拼命向前狂奔。猎人费了好大劲才用一只手把它拽住。另一只手还要不时地揪小猪的耳朵。狼还不敢向坐着人的雪橇发起攻击。只有小猪的叫声可以使它们暂时忘掉恐惧。

小猪是多么难得的美味啊！当一头小猪在狼的耳边叫起来时，狼就忘记了危险！

这群狼看清楚了，有一个用长绳系着的麻袋被拖在雪橇后面，在坑坑洼洼的道路上颠簸着。

被雪橇拖在后面的麻袋里面装的是干草和猪粪，可狼还以为里面装的是小猪，因为它们听到了小猪的尖叫，也闻到了小猪的气味。

最后那群狼下定了决心。

它们突然窜出森林，整群狼扑向雪橇——共有六只，七只，八只身强体壮的饿狼呢！

在空旷的田野里，猎人从近处看它们，觉得它们个头很大。其实月光是会骗人的，月光照在狼毛上，使野兽看上去比实际要大。

猎人放开小猪的耳朵，抓起了猎枪。

最前面那只狼已追上了那个装着干草的麻袋了。猎人瞄准了它肩胛骨的下方，扣动了扳机。

这只狼像一个陀螺似的栽在雪地里。猎人对着第二只狼开了枪，但这时受了惊的马儿向前一冲，所以这一枪打偏了，落了个空。

猎人双手抓着缰绳，好不容易才将马儿勒住。

可是群狼已经消失在森林里了。只剩下那只被打中的狼躺在老地方，临死前抽搐着用后脚在雪地里乱刨。

此时，猎人把马完全稳住了。他把猎枪和小猪留在雪橇上，自己走下去捡猎物。

夜里，村子里发生了一件令人震惊的事：猎人的马拉着雪橇跑了回来，猎人却不见了。宽大的雪橇上放着没装弹药的双筒猎枪和一头可怜的尖叫着的小猪。

天亮之后，村民们走到田野里，从雪地上杂乱的脚印读出了昨天夜里发生的事。

事情的经过是这样的：

猎人将那头打死的狼扛在肩上，朝自己的雪橇走了过去。

他刚到雪橇跟前，马就闻到一股狼的气味儿，它吓得浑身哆嗦，向前飞奔。

猎人身边除了那头死狼，什么都没有了。他甚至连把刀都没带，猎枪也落在了雪橇上。

此时群狼已经脱离了恐惧。它们整群狼又奔出林子，把猎人团团包围。

后来村民们在雪地上发现一堆人的骨头和狼的骨头——这群狼居然把自己死去的同伴也吃了。

这一不幸事件发生在六十年前。从那之后，我们再也没听说过狼袭击人的事情。如果狼没有发疯也没受伤的话，连没带武器的人也会害怕。

深入熊洞

另一桩不幸的事情是在猎熊的时候发生的。

一个守林人发现了一个熊洞。当地人就去城里请来了一位猎人。猎人带了两只北极犬，悄悄地走近一个雪堆，野兽就在这个雪堆底下冬眠。

猎人按照常规站在雪堆的一边。熊洞的洞口通常都朝着日出的方向。野兽从雪下窜出来的时候，通常都会向南奔去。猎人站的位置，应当可以正好举枪命中熊的肋部——它的心脏。

守林人从雪堆后面走了过去，解开了两条猎犬。

猎犬闻到野兽的气味，疯狂地向雪堆猛扑过去。

猎犬发出的喧闹声，早该把洞里的熊吵醒了。可是很长一段时间过去了，里面没发出一点动静。

突然雪下伸出一只长着利爪的黑色脚掌，差一点抓住其中一条猎犬。猎犬惊叫着跳到了一边。

这时，猛兽一下子从雪堆里冲了出来，活像一堆黑色的泥土块。它一反常态，并没有冲向侧面，而是径直扑向了猎人。

熊低着脑袋往前跑，护住了自己的胸口。

无奈之下，猎人放了一枪。

子弹擦过大熊坚硬的前额，滑到一旁。野兽被这重重一击激得发疯了，它一下子将猎人扑倒在地，把它压在身体下面。

两只猎犬扑到熊的身上，咬住熊的屁股，但都无济于事。

守林人吓得大叫，他挥动着手里的枪，可是他不能开枪，因为子弹可能会打在猎人身上。

熊用它那可怕的大爪一抓，就将猎人的帽子连带着头发和头皮一起抓下来了。

接下去的一瞬间，它突然把身体向旁边一歪，在沾满血迹的雪地上打起滚来。此时的猎人还没有慌神，他拔出身上的短刀，捅进了熊的肚皮。

猎人总算保住了性命。那张熊皮被他挂在床头上。但是猎人的头上到现在还裹着一条温暖的头巾。

围猎巨熊

1 月 27 日，塞索伊·塞索伊奇从森林里出来，却没回家，直接去了邻近的集体农庄的邮局。他给列宁格勒的一个熟悉的医生，同时也是一位猎熊专家发了份电报。电报上说："发现熊洞，速来。"

第二天，他收到了回电："我们三人 2 月 1 日到达。"

塞索伊·塞索伊奇开始每天早晨去察看熊洞。熊在洞里睡得正香。熊洞前的小灌木丛上每天都有新结的霜花，那是野兽呼出的热气结成的。

1 月 30 日，塞索伊·塞索伊奇在察看完熊洞之后，遇见了同村的安德烈和谢尔盖。这两位年轻猎人正要去森林里打松鼠。他想提醒他们，不要去有熊洞的那块地方打猎，但他仔细一想，改变了主意：年轻气盛的小伙子们好奇心重，他们要是知道了保不准更想去看看熊洞，把熊惊醒！于是他没吭声。

1 月 31 日早晨，他来到熊洞边，不禁"啊"地大叫了一声：熊洞被捣毁了，野兽逃跑了！在离熊洞约五十步远的地方，一棵松树倒下了，也许是谢尔盖和安德烈向树上的松鼠开了枪，但是猎物被树枝卡住了，所以他们就把松树放倒了。熊被吵醒后就逃走了。

两个猎人所乘的滑雪板的印迹是从被砍倒的树的一边延伸而去的，而野兽的脚印却是从熊洞去往另一方向。幸亏在茂密的小云杉林中这头熊没被两个年轻的猎人发现。

塞索伊·塞索伊奇没浪费时间，立刻沿着熊逃跑的脚印追了过去。

第二天傍晚，两个熟悉的列宁格勒人来到此地，他们是医生和上校。还有一位举止傲慢、身材魁梧的男子跟着他们一起过来，他蓄着乌黑油亮的胡须和一把精心修剪过的胡子。塞索伊·塞索伊奇第一眼见到他时，就不喜欢他。

“瞧他这冠冕堂皇的样子！”小个子猎人一面打量着这个陌生人，一面心里暗想，“看样子他不年轻啦，可整个脸还是红通通的，胸脯也挺得像公鸡一样。头上连根白头发都看不见。”

更让塞索伊·塞索伊奇感到难堪的是，他必须要当着这些仪表堂堂的城里人的面，承认自己的失误——没看住那只熊，错过了把熊困在洞里的好机会。于是，塞索伊·塞索伊奇委婉地说道：“熊现在所停留的区域已经被找到了，没有发现它出逃的脚印。当然，现在它一定是躺在雪地上入睡，它可以听见周围的任何动静。而我们这时候只有用围猎的方法来抓它了。”

那个傲慢的陌生人听完后，鄙夷地皱了皱眉头。他什么都没说，只问了声那头熊的个头大不大。

“脚印很大，”塞索伊·塞索伊奇说，“我敢保证那家伙的重量不会少于两百公斤。”

那傲慢的家伙听了，耸了耸他那像十字架一样笔挺的肩膀，看都没看塞索伊·塞索伊奇一眼，开口说道：“说是请我们来掏熊洞的，现在却只好围猎了。你们能保证围猎的时候可以把熊撵到猎人跟前？”

这个侮辱人的疑问把小个子猎人刺痛了，但他保持沉默，只是心里暗暗想着：“我们当然是有把握的，你等着瞧吧，可别让熊杀了你的威风！”

大家开始讨论围猎的方案。塞索伊·塞索伊奇建议他们：打这样的大型野兽，最好在每位猎人后面安排一名后备射手。

可那个高傲的人并不赞成，他说：“谁要是对自己的枪法没信心，那就不该去猎熊。猎人后面为什么还要跟个保镖?!”

“好勇敢的汉子！”塞索伊·塞索伊奇心里暗想。

可这时上校却坚决表示，小心总是不会有错的，准备后备射手是必要的。医生也对此表示赞成。

那傲慢的人鄙视地瞅了他们一眼，耸了耸肩，说道：“既然你们害怕，那就按照你们说的做吧！”

第二天一早，天还没亮，塞索伊·塞索伊奇就把猎人们叫醒，然后召集围猎的人。

等塞索伊·塞索伊奇回到小木屋时，那个傲慢的人正从一个包着绿色丝绒面的轻便小提箱里取出两管猎枪。这便携的小提箱像是用来装小提琴的匣子。塞索伊·塞索伊奇看得眼睛都亮了：他还从来没见过这么好的枪呢！

傲慢的人收拾好枪，又从小提箱里掏出锃光发亮的子弹筒，里面装着钝头的和尖头的子弹。在他做这些事情的时候，他不断跟医生和上校炫耀他的枪有多么好，子弹有多么厉害，他曾经在高加索怎样打野猪，在远东怎样打老虎。

塞索伊·塞索伊奇虽然脸上没有什么表情，心里却觉得自己又比人家矮了一大截。他实在很想近距离看看这两管漂亮的猎枪，不过最终也不好意思张嘴央求人家。

天刚蒙蒙亮，长长的雪橇队就从集体农庄向森林进发。塞索伊·塞索伊奇坐在最前面的雪橇上，紧随其后的是四十个围猎的村民，三位猎人坐在最后面。

队伍在离熊的藏身之处还有一千米的地方停了下来。三个猎人钻进了一个小土房中生火取暖。

塞索伊·塞索伊奇乘着滑雪板去侦察了一下熊的大致方位，然后又将围猎人分布开来。

一切看上去都很顺利，熊也没有跑出围猎圈。

塞索伊·塞索伊奇把负责呐喊的人呈半圆形分布在小树林的一

侧，然后在呐喊人的两侧安置不出声的围猎人。

围猎熊与围猎兔子不同。负责呐喊的人用不着边喊边走，他们只要在围猎的全过程中站在一处就行。站在林子两侧不呐喊的人，要从呐喊人的两侧一直站到狙击线的位置。防止野兽离开呐喊的人朝侧面奔逃。不呐喊的人不可以叫喊，如果野兽朝着他们跑去，他们只可以脱下帽子朝熊挥舞，但这足以把熊撵到狙击线处了。

塞索伊·塞索伊奇布置好这群人后，就叫上猎人们，把他们带到各自的位置上。一共只有三个位置，互相之间的距离是 25～30 步。小个儿猎人负责把熊撵到这条只有一百多步宽的狭窄通道上来。

塞索伊·塞索伊奇让医生站到一号位置上，让上校站到三号位置位上，让那个傲慢的城里人站到中间，也就是二号位置上，这里是退路——是熊进入森林后留下足迹的地方。通常熊从躲藏的地方出来时，都会沿着自己来时的足迹走。

在傲慢的城里人后面站着年轻的猎人安德烈。之所以选中了他，是因为他比谢尔盖更有经验，也更有耐心。

安德烈是以后备射手的身份站在那里的。他只有在野兽突破狙击线，向猎人身上扑去的时候，才有权开枪。

所有的猎人都穿着灰色的长衫。塞索伊·塞索伊奇最后一次下达命令：不要出声，不要抽烟，发出呐喊声后站在原地不要动，要尽量让熊离得近些再开枪。然后，他又跑到呐喊的人那里去。

半个小时过去了，猎人们都等得有些疲乏了。

终于，猎人的号角声响起了——两声拖得很长的、低沉的号角声，一下子响彻满是积雪的森林。号角声仿佛在冰冷的空中冻结了，久久不散。

短短的一分钟后，突然间呐喊人一齐呐喊起来。有的说话，有的嚷，有的尖叫，每个人都各尽所能。有的用男低声呼叫，有的汪汪学狗叫，有的发出难听的猫的尖叫声。

用号角声发出信号之后，塞索伊·塞索伊奇就和谢尔盖一起乘滑雪板快速滑向树林去撵熊。

围猎熊与围猎兔子的不同之处在于：除了有呐喊者和不出声的围猎者之外，还需要有一个猎熊人，他的职责是把熊从它的栖身地里撵出来，让它往射手的方向跑。

塞索伊·塞索伊奇通过脚印判断出：这头野兽的体型很大。但是，当一个黑漆漆、毛茸茸的野兽脊背出现在云杉树丛上面的时候，小个子猎人还是忍不住哆嗦了一下，慌乱之中，他稀里糊涂地朝天开了一枪，与谢尔盖两人异口同声地喊道："熊来啦！熊来啦！"

围猎熊与围猎兔子确实不一样：围猎熊需要进行长时间的准备，而真正打猎的时间却非常短。但是由于长时间不安的等待和对危险即将来临的恐惧，射手们往往觉得一分钟像一小时那样长。不过，当你在位置上耐心地等待很久，直到看见野兽或听见邻近位置上传来枪声，才发现一切都结束了，可你却什么都没做，那才叫人郁闷呢！

塞索伊·塞索伊奇冲上前去追熊，拼命想撵它去狙击线，但他根本不可能追上熊。这地方雪很深，人们如果不穿滑雪板，每走一步都会陷进齐腰深的大雪里，而且想从雪里拔出脚可没那么容易。可是熊走起来像一辆坦克似的，一路上把身旁的灌木和小树等全部压断。它像一条滑行艇（一种带空中螺旋桨的机动小船）那样前进，只见雪尘从它的两旁高高扬起，仿佛两只巨大的白色翅膀。

熊从小个子猎人的视线里消失了。但没过两分钟，塞索伊·塞索伊奇就听到了枪声。

塞索伊·塞索伊奇用手抓住邻近的一棵树，来止住飞驰的滑雪板。

围猎就这样结束了吗？熊被打死了？

回答他的是第二声枪响，接着是一声绝望的叫喊，一声夹杂着痛苦与恐惧的叫喊。

塞索伊·塞索伊奇拼命向射手们所在的方向冲去。

当他跑到中间的位置时，上校、安德烈和脸色像雪一样苍白的医生，正抓着熊皮，想要将熊从倒在雪地里的第三个猎人的身上拉起来。

事情的经过是这样的：熊沿着自己进树林时的脚印往外走，直奔第二个位置。本来应该等熊跑到离枪十至十五步远的时候开枪的，可这个猎人却没沉住气，在熊离他还有六十步远的时候就开了枪。结果没打中。看起来笨重的大熊，奔跑起来速度却快得惊人，只有近距离开枪射击，才能命中它的头部或心脏。

从这把上好的猎枪里打出去的子弹击碎了熊的左后腿。熊痛得发疯，向开枪的人猛扑过去。惊慌中，这位猎人忘记猎枪里还有一粒子弹，也忘了自己身边还有一把备用猎枪，他竟把枪一扔，转身就跑。

熊大手一挥，拍在那个欺负它的人的脊背上，把他压在雪地里。

后备射手安德烈毫不含糊，将自己的双筒枪直接插进野兽张开的嘴巴里，连打两下。

可哪想到枪卡壳了，只是弹了一下。

站在旁边三号位置的上校目睹了这一切。他看到死神正在攻击着自己的同伴，需要他立即开枪。但他也知道，如果没有瞄准，就有可能亲手把同伴打死。上校单腿跪地，瞄准熊的头开了一枪。

那只巨熊的上半身猛地挺起来，在空中僵持了一小会儿，然后重重地倒在躺在它脚下的那个人的身上。

上校的子弹打穿了熊的太阳穴，让它立刻送了命。

医生也赶快跑过来了。他跟安德烈与上校一起，合力把这只死熊挪开，救出猎人，无论猎人现在是死是活！

正在这时，塞索伊·塞索伊奇来了，就跑上前帮忙。

大家挪开沉重的熊尸，把猎人扶了出来。猎人还活着，而且毫发未损，只是脸色像死人一样惨白：巨熊还没来得及撕下他的头皮，但是这个城里人已不敢抬眼看人了。

大家用雪橇把他拉回集体农庄。在那里，他稍微恢复了常态，但无论医生怎样劝他留下过夜，多休息休息再上路，他还是把熊皮带着去了火车站。

“唉！”塞索伊·塞索伊奇在对别人讲完这个故事后，思忖着补充说，“我们忽略了一件事：我们不该把熊皮给他拿走的。也许他现在正拿着那张熊皮到处炫耀，说他打死了那头熊，那头熊差不多有三百千克重呢……真是个吓人的家伙！”

公告

请记住无人照顾和忍饥挨饿的动物

在饥饿难耐、暴风肆虐的月份里，请记住自己弱小的鸟类朋友。

每天在鸟类食堂放上食物。

为小鸟安顿过夜的地方：椋鸟窝、山雀箱、在圆木上挖的鸟巢。

给沙鸡安置小窝棚。

在自己的同学和熟人中为饥饿的鸟类募捐。

有人捐谷物，有人捐油脂，有人捐浆果，有人捐面包屑，还有人捐蚂蚁卵。

小鸟的需求多吗？

你将救活多少濒临饿死的鸟儿啊！

冬·第三期

煎熬待春之月

2月21日—3月20日

太阳落入双鱼座

一年是一部分成十二个月的太阳诗篇

二月是越冬月。临近二月时，狂风暴雪依旧，疾风在雪地上奔驰，却不留下任何足迹。

这是冬季的最后一个月，也是冬季最可怕的一个月。这是个饥寒交迫的月份，是狼婚配的月份，也是狼群偷袭村庄和小城镇的月份。为了填饱肚子，它们经常深夜叼走狗和羊，钻进羊圈里抢劫。所有的野兽都消瘦了。它们秋天积蓄在体内的脂肪已经不能保暖，不能再给它们提供养分了。

小兽们在洞里和地下仓库的存粮也快吃完了。

对于许多生物来说，积雪在这个时候已经从保存热量的朋友渐渐变成了致命的敌人。很多树枝经不起积雪的重负纷纷被折断了。只有一些野生禽类，比如，山鹑、松鸡、黑琴鸡喜欢深雪，因为它们可以连头带尾钻进深雪里舒舒服服睡大觉！

但灾难也时有发生，当白天积雪融化后，夜里又寒风袭来，融化的表层就会冻成一层冰壳。无论你怎么用脑袋去撞击，也很难从下面撞开这层冰壳，只能等待太阳把这层冰盖融化！

暴风雪一遍又一遍地横扫大地，填平了二月的道路，把雪橇通行的道路都掩埋起来了……

森林要闻

能熬过寒冬吗?

森林历上的最后一个月来临了。这是最艰难的一个月——煎熬待春之月。

森林居民们的存粮都所剩无几了。所有的鸟兽都消瘦了，因为能为它们提供热量的那层皮下脂肪已经没有了。长期饥一顿饱一顿的生活，让它们的体力大不如前。

现在，大自然好像也在故意刁难似的，森林里风雪肆虐，严寒日甚一日。冬婆婆还有最后一个月游荡的时间，于是它更为肆无忌惮，释放了最可怕的寒气。所有鸟兽都在坚持着，保存体内的最后一点儿力量，熬到春回大地的时刻。

我们的通讯员走遍了整个森林。有一件事让他们很担心：野兽和鸟类能熬到天气暖和的时候吗?

他们在森林里目睹了许多悲伤的场景，有些森林居民忍受不了饥饿与寒冷，一个个倒下了。剩下的这些森林居民还能再熬过一个月吗？不错，有些动物是不需要为它们担心的，它们的生命力顽强着呢!

严寒的受害者

没有比伴着狂风的严寒更叫人害怕的了！每逢这种天气过后，当你走到森林里，你都可以在雪地上发现冻死的兽类、鸟类和昆虫的尸体。

暴风雪从树桩下、从被暴风折断的树木下刮过，那里藏着许多小野兽、甲虫、蜘蛛、蜗牛、蚯蚓。温暖的积雪被吹落下来，在冰冷的寒风中凝结成冰。

暴风雪甚至能让飞鸟丧命。乌鸦是一种耐寒力很强的鸟类，但在长时间的暴风雪后，我们时常会在雪地上发现它们的尸体。

暴风雪过去了，森林清洁工——猛禽和猛兽开始工作了，它们满森林搜寻：把在暴风雪中冻死的鸟兽尸体全都变成自己的美食。

结薄冰的天气

最可怕的情况是，在冰雪解冻后，天气突然降温，一下子把雪的表面冻结起来。

雪上的这层冰坚硬而光滑，无论是柔弱的爪子还是鸟类的尖嘴都无法将它穿透。狍子的蹄子也许能击碎这层冰壳，可是这锋利的破冰碎片能将狍子腿上的毛和它的皮肉划破。

鸟儿怎么能从冰壳下吃到细草和谷粒等食物呢？

要是谁无力啄破这玻璃一样的冰壳，谁就只能挨饿。

还经常发生这样的事情：解冻天气里，地面上的积雪变得潮湿而松软。傍晚时，一群灰山鹑落在雪地上，轻而易举地在雪地里给自己挖出几个小洞，然后在冒着热气的暖室里睡着了。

可是，半夜里严寒降临了。灰山鹑在暖和的雪下洞穴里沉沉地睡着，没有感觉到寒冷。

灰山鹑一觉醒来，雪底下暖暖的，只是呼吸困难！得到外面透透气，舒展舒展翅膀，再找点儿东西吃。它们想要飞起来，但头顶的雪却变成了像玻璃一样坚硬的冰。

灰山鹑意识到这是光溜溜的雪上冰壳。冰壳下面仍是松软的雪，可冰壳上面有什么却无法看见。

灰山鹑用小脑袋拼命向冰壳撞去，撞得头破血流。但无论如何，也要从这个冰盖下面逃脱出去！

能逃脱这个该死的囚笼的山鹑都是幸运的，哪怕它们都还饿着肚子。

玻璃小青蛙

有一次，我们的通讯员敲碎了一个池塘的冰块，并从冰下挖出了一些淤泥，淤泥里藏着许多小青蛙，它们聚集在一起冬眠。

当我将它们取出来的时候，它们看上去像是玻璃做的一样。它们的身体变得很脆，细细的腿只要轻轻一碰，就会发出清脆的折断了的声响。

我们的通讯员带了几只青蛙回家去。小心翼翼地把它们放进一个暖和的屋子里，让冻结成冰的青蛙一点一点暖和过来。青蛙渐渐苏醒了，开始在地板上跳跃。

由此可以预料，当春天的太阳融化了水池里的坚冰，把水晒暖了的时候，冬眠的青蛙就会苏醒，重新变得活泼又健壮。

瞌睡虫

在托斯拉河沿岸，距“十月铁路”上的萨博里诺火车站不远的地方，有一个巨大的岩洞。从前人们去那里挖沙子，如今那里已经很多年无人问津了。

我们的通讯员进入了那个洞，发现岩洞的顶上有许多蝙蝠，其中既有普通的蝙蝠，也有一种被称为“兔蝠”的大耳朵蝙蝠。它们头朝下，爪子抓住粗糙不平的砂质洞顶，已经睡了整整五个月了。“兔蝠”将大耳朵藏在折叠的翅膀下，用翅膀将身体包起来，像盖被子似的，倒挂着睡着了。

大耳朵“兔蝠”和普通蝙蝠睡得这样久，让我们的通讯员感到很担心，我们的通讯员给它们测了脉搏，量了体温。

夏天的时候，蝙蝠的体温跟人类一样，三十七摄氏度左右，脉搏每分钟两百次左右。

而现在，蝙蝠的体温只有五摄氏度，脉搏每分钟只有五十次。

尽管如此，这些小瞌睡虫的健康状态也不需要我们担心，它们健康着呢！

它们还可以这样自由地睡上一个月，甚至两个月，等到夜晚开始变得温暖时，它们就会健康地苏醒过来了。

穿单薄的衣衫

今天，我在一个隐秘的角落里找到一株款冬。它正在开花呢！不惧严寒。它的茎上裹着一层单薄的衣衫：像鳞片状的小叶子，像蜘蛛丝似的细茸毛。现在我们穿着大衣还冷呢，可是它穿得这么少竟不觉得冷！

你们可能不会相信我的话：四周到处是雪，哪儿来的款冬呢？

我可说过，我是在一个“隐秘的角落”找到它的！这就是它所在的地方：一栋大楼的南面，这正好是蒸汽暖气管道经过的地方。在那个“隐秘的角落”里，雪已经融化了，黑土已经露出来了，像春天一样散着热气。

不过，周边的空气却是刺骨的寒冷！

尼·帕夫洛娃

迫不及待

当严寒稍微消退，解冻天气来临的时候，森林雪下的各种各样的小东西就会迫不及待地爬出来：有蚯蚓，有潮虫，有蜘蛛，有瓢虫，还有叶蜂的幼虫。

只要有一角土地从积雪下解放出来——暴风雪常常把掉在地上的积雪吹光，那里就变成小动物们的乐园。

昆虫们要舒展自己麻木的腿脚，蜘蛛则忙着觅食。那些没有翅膀的小蚊子光脚在雪地上又跑又跳，而那些有翅膀的长脚舞蚊则在空中飞来飞去。

一旦严寒再次袭来，各种娱乐活动就立刻终止了。这群虫子又躲了起来，有的钻进树叶下，有的钻进苔藓里，有的钻进草丛里，有的钻进泥土里。

冰洞里探出来的脑袋

一位渔人在涅瓦河入芬兰湾的河口处的冰面上走着。当他经过一个冰洞时，发现冰下探出一个长着稀疏硬胡须的光光的脑袋。

渔人原以为这是落水者从冰洞里浮出的脑袋！但突然间这个脑袋朝他转了过来，渔人这才看清，这是一个长着胡子的野兽的脸，脸皮紧绷，满脸长着闪着亮光的短毛。

这动物两只亮晶晶的眼睛直勾勾地盯着渔夫的脸。

接着，只听见水花飞溅的声音，它就钻到冰下不见了。

渔人这才恍然大悟，自己看到的是一只海豹。

海豹平常都在冰下捉鱼，只是偶尔把脑袋探出来一小会儿，呼吸呼吸新鲜空气。

冬天的时候，渔人们时常能在芬兰湾上捕获那些爬到冰面上的海豹。

有时海豹为了追捕鱼儿，甚至会一直追到涅瓦河。拉多加湖里有许多海豹，所以那儿有真正的海豹捕猎业。

扔掉武器

森林壮汉雄麋鹿和小个子雄狍子头上的犄角都脱落了。

雄麋鹿自己把头上笨重的武器弄掉——密林中，它们将双角在树干上蹭呀蹭的，直到把犄角蹭下来。

两匹狼发现了这个头上没有犄角的雄麋鹿，决定向它发起进攻。在它们看来，胜利似乎手到擒来。

一匹狼从前面向雄麋鹿发起进攻，另一匹在后面堵截。

这场战斗以让人难以想象的快速结束了。麋鹿用两只结实有力的前蹄，踩碎了前面那只狼的头盖骨，然后立刻转过身把后面那只狼踢翻在雪地里。狼遍体鳞伤，好不容易才从敌人的身旁溜走。

最近老雄麋鹿和老雄狍子已经长出了新的犄角。但是还没有变硬的肉瘤外包着一层皮，皮上长着蓬松的绒毛。

冷水浴爱好者

在波罗的海铁路线上的加特钦纳站附近，一条小河上的冰洞旁，我们的森林通讯员发现了一只黑肚皮的小鸟。

在那寒冷的冬季，虽然天空中太阳高照，我们的通讯员还是不得不几次三番捧起雪去搓一搓他那冻得发白的鼻子。

因此，当他听到黑肚皮的小鸟在冰上高兴地唱歌时，感到非常诧异。

他走近一些，这时小鸟张开翅膀扑通一下跳进冰洞里。

“它要淹死了！”森林通讯员想着，迅速跑到冰洞旁，想把那只发了疯的小鸟捞上来。

可哪想到，小鸟正在水里用翅膀游泳呢，就像人们用胳膊游泳一样。

小鸟暗黑色的脊背在清澈的水里闪烁着，像一条小银鱼似的。

小鸟潜入河底，用两只利爪抓起河底的沙子，跑了起来。跑到一个地方，它稍微停留了一会儿，用喙把河底的一块小石子翻转过来，从石子下面拖出一条黑色的水甲虫。

一分钟后，它又从另外一个冰洞里钻出来，跳到冰面上，抖掉身上的水，好像什么事儿都没发生似的，又唱起了欢乐的歌。

我们的森林通讯员把手伸进了冰洞里，心想："也许这里是温泉，河水是温的吧？"

但是，他立刻把手抽了回来：冰水寒冷刺骨。

这时他才恍然大悟：他面前的是一种水雀——河乌。

这也是一种不必服从森林法则的鸟，像交嘴鸟那样。这种鸟的羽毛上覆盖着一层薄薄的油脂。当它潜水时，涂有油脂层的翅膀上会出现很多气泡，闪着银光，小鸟仿佛穿上了一件空气做的潜水衣。因此，即便它在冰冷的水中也不会觉得冷。

在我们列宁格勒州，河乌只在冬天时才会出现，所以算得上是稀客。

在冰层下

现在，让我们想想那些在冰层下生活的鱼儿吧！

它们整个冬天都在水底的深坑里睡觉，它们的上方是一层结实的冰层。有时，这通常发生在冬末二月的时候，池塘和森林中的湖泊里空气日渐稀薄。呼吸困难的鱼儿抽搐着张开圆圆的嘴巴，游到冰层下面，张开嘴吸着冰面下的小气泡。

鱼类窒息而死的情况时常发生。等到春天冰雪融化，当你手拿鱼竿来到湖边，才发现根本就没有什么鱼可钓。

所以，我们得想着鱼儿。冬天的时候，要在池塘或湖泊的冰面上凿几个冰洞，并注意别让冰洞再冻上，让鱼儿有呼吸的空气。

雪底下的生灵

在漫长的冬季里，当你望着被积雪覆盖的大地时，也许你会不由自主地想：在这冰冷干燥的雪海下面究竟有什么东西？在它的底部是否还有生命存在？

我们的森林通讯员在森林里、在林间空地上和田野里挖了几口深深的雪井，一直挖到地面露出来。

但是我们所看见的，远远超出我们的预料，那里露出了许多绿色的小植物和一些从枯草皮下钻出的尖尖的小嫩芽，以及各种草类的绿色小茎，它们被沉重的积雪压倒在冻僵的地面，但都还活着。

看来，在一片死寂的雪海底部生活着草莓、蒲公英、三叶草、触须草、酸模，还有许多各种各样的植物，它们都绿油油的，展现着勃勃生机！而在柔软、多汁、绿油油的繁缕上，甚至还长出了小小的花蕾。

我们在森林通讯员挖的那些雪井的四壁上，发现了一些圆圆的小洞。这是小动物们用爪子挖出的地下通道，它们十分擅长在茫茫雪海中寻找食物，老鼠和田鼠在雪下四处啃食各种美味而营养的植物的根，而那些凶猛的鼩鼱、伶鼬、白鼬则捕食这些啮齿动物和在雪下过冬的鸟类。

过去人们以为只有熊才在冬天产崽儿。俗语说，幸福的孩子是穿着衣裳来到世上。小熊刚出生的时候体型很小，只有一只老鼠那么大，但是它不仅穿着衣裳，而且还直接穿了件皮大衣出生。

现在，科学家们发现，有一些老鼠和田鼠一到冬季就会从它们夏季的地下洞穴离开，搬到地面上的别墅里居住，并在雪下的树根上或是低矮的灌木丛树枝上筑窠。而且它们竟然也在冬天产崽！刚生下来的小老鼠全身光溜溜的，但是窝里很暖和，年轻的老鼠妈妈用乳汁喂养它们。

春天的征兆

这个月依旧非常寒冷，但已经不像隆冬时节那样了。虽然地上的积雪还是很深，但已经不是那样耀眼而洁白了。此时的积雪，颜色暗淡发灰，有些疏松了。挂在屋檐上的那些小冰锥渐渐变长，水滴顺着冰锥往下流。一眼望去，会发现地上出现了一个个小水洼！

日照的时间越来越长，渐渐开始温暖大地。天空已不像冬天那样泛着灰蓝，死气沉沉，而是一天比一天蓝。空中的云朵也不再是灰蒙蒙的冬云，它层层叠叠、错落有致，有时能看见浓密的积云飘过。

太阳刚一出来，窗下就传来山雀欢快的叫声："脱掉棉袄！脱掉棉袄！"

夜晚，猫儿们在屋顶上开音乐会和比武大会。

森林里有时会响起一阵啄木鸟欢乐的击鼓声。尽管它们只是用嘴巴敲打树干，但听起来却也像一首有板有眼的歌儿！

在密林的最深处，在云杉和松树下的雪地里，不知是谁画了许多神秘的符号和一些无人能识的图案。猎人们看到这些图形的时候，先是一愣，然后心脏剧烈跳动起来：要知道，这是雄松鸡——森林里长着大胡子的公鸡留下的痕迹呀，这些图形是它们用强有力的翅膀上坚固的羽毛在雪地上画出来的！这就表明……松鸡发出了求偶的信号，神秘的森林音乐就要响起了。

城市新闻

户外殴斗

城市里，春天的脚步声越来越近了。一个明显的特征就是户外时不时发生殴斗事件。

街头的麻雀们对行人毫不理会，会彼此狠狠地咬住对方的后颈，把羽毛啄得满天飞。

雌麻雀从不参与任何殴斗，但也从不劝架。

晚上，在屋顶上常发生猫打架的事件。战争的结果常常是，一只公猫被另一只公猫从好几层楼的屋顶上推下去。不过，你大可不用担心，机灵的猫儿是不会摔死的，它跌下去时直接四脚着地，最多被摔得一瘸一拐地跛几天。

修理和建筑

全城都在忙着修理和建筑。

老乌鸦、寒鸦、麻雀和鸽子都在张罗着修理自己去年筑的窠。而那些去年夏天才出生的年轻一代正在为自己建造新窠。它们用于修筑的材料：树的枝杈、麦秸、柔韧的树枝、树条、绒毛和羽毛，都成了抢手货，需求量不断增加。

鸟类的食堂

我和我的同学舒拉都非常喜欢鸟。冬天里，许多鸟儿，比如山雀和啄木鸟经常挨饿。它们太可怜了，所以我们决定给它们做个食槽。

我家附近长了很多树，上面经常会有鸟儿停留觅食。

我们用胶合板做了一些浅浅的小木槽挂在树上，每天早上在里面撒各种谷粒。现在鸟儿已经习惯了，不再害怕飞近了，而且吃得津津有味。在我们看来，这样对鸟儿是有好处的。

所以我们建议所有的孩子都动手做这件事。

森林通讯员　瓦西里·格里德涅夫

亚历山大·叶甫谢耶夫

城市交通新闻

在街道的一座房子上有一个标记：一个圆圈中间有一个黑色的三角形，三角形里画着两只雪白的鸽子。

这个标志的意思是："小心鸽子！"

汽车司机在拐过街角的时候，会刹车，小心翼翼地绕过一大群聚集在马路上的鸽子，有灰色的，有白色的，有黑色的，也有咖啡色的。孩子们和大人们站在人行道上，把面包和米粒扔给那些鸟儿。

提议设立"小心鸽子！"这个交通标志的是一个小学生托莉娅·格尔金娜，这个标志最先被挂在莫斯科街头。如今这样的牌子被悬挂在列宁格勒和其他各大城市里的那些交通繁忙的街道上。我们的市民们经常一边喂鸽子，一边尽情欣赏这些象征和平的鸟儿。

光荣属于那些爱护鸟类的人们！

返回故乡

《森林报》编辑部收到很多喜讯，这些喜讯来自埃及、地中海沿岸、伊朗、印度、法国、英国、德国等地。信中都这样写道：我们的候鸟已经动身返回故乡了。

候鸟们不慌不忙地飞着，一寸寸地占据从冰雪下解放出来的大地和水面。它们估算着，在我们这儿冰雪开始融化、江河开始解冻时回到这里。

雪下的童年时光

外面的冰雪正在消融。我去外面挖一些栽花用的泥土，在路上顺便看了一下我专门为鸟儿种菜的小菜园子。那里有我给金丝雀种的繁缕。金丝雀很爱吃那鲜嫩多汁的茎叶。

你们应该认识繁缕吧？浅绿色的小叶子，开着小得几乎看不见的白花，脆弱的细茎总是彼此缠绕在一起。

这种植物紧贴着地面生长。一旦你对菜园的管理稍有疏忽，它们就会爬满整个园子。

我在秋天播下了繁缕的种子，但种得太晚了。

种子刚刚发芽，还没来得及长成幼苗。在只长出一段细茎和两片子叶的时候就被雪埋起来了。

我没指望它们能够活下来。

可结果如何呢？我发现，它们不仅度过了冬天，活了下来，而且还长大了。现在它们已经不是幼苗，而是一棵棵小植物了，甚至还有小小的花蕾呢！

真是不可思议啊：这可是发生在冬天呀，而且它们被埋藏在那么深的积雪下！

尼·帕夫洛娃

新月的诞生

今天对我来说是一个开心的日子，我早早起了床，在太阳刚刚升起的时候，我看见了新月的诞生。

新月通常是在日落之后才出现的，人们很少在清晨太阳升起之前看见它。今天，它比太阳起得还早，已经高悬在空中了，像是一弯珍珠色的细镰刀，在早晨金色的光芒中显得如此温暖和快乐，这样的月亮我从来没有见过。

森林通讯员　维里卡

神奇的小白桦树

昨天傍晚和夜里下了一场温暖而湿润的小雪，天气不算冷。我家台阶前的花园里，我最心爱的那棵小白桦树的树枝被雪染成了白色。可清晨的时候天气又突然变得十分寒冷。

太阳升起来了，悬挂在明净的天空上。我发现我的小白桦树变成了一棵神奇而美丽的树：湿雪结成了薄冰，从它的树根到树顶，直到每一根细小的树枝，都好像涂了一层白釉。我的小白桦全身上下都变得亮晶晶的。

几只长尾巴山雀飞了过来。它们长着毛茸茸的、温暖的羽毛，好像一团团上面插着几根织针的白色毛线球。它们落在小白桦上，在树枝上东张西望——有什么可以吃的呢？

山雀的小爪子在树枝上打滑，小嘴又啄不穿枝条上的冰壳。小白桦树像玻璃树似的，在山雀的敲啄下发出细细的叮铃声。

山雀发出埋怨的吱吱声，飞走了。

太阳越升越高，天气越来越暖，小白桦树的那层冰壳终于融化了。

这棵神奇的小白桦的树干和所有树枝都流下了一股股冰水，看上去就像是一个冰冻的喷泉。

融雪一滴滴流下，白桦树的枝条上流淌着一条条闪烁着银光的“小蛇”。

山雀又飞回来了。它们纷纷落在白桦树的树枝上，不怕被融化的冰水沾湿小脚爪。现在它们高兴极了，小脚爪再也不会打滑了，它们还在这棵化了冻的白桦树上享用了一顿美味的早餐。

森林通讯员　维里卡

最初的歌声

在寒冷但阳光明媚的日子里，城市的花园里响起了春天的第一首歌。

这是荏雀在歌唱。它的歌词十分简单："晶——漆——维尔！晶——漆——维尔！"

就是这样简单的歌曲，听起来却让人十分欢快，仿佛这种机灵的胸脯上长着金色羽毛的小鸟，想用鸟类的语言告诉人家："脱掉长袍！脱掉长袍！春天来了！"

林野特辑

巧妙的捕兽器

与其说猎人们是靠猎枪捕猎野兽，不如说是靠各种各样巧妙的捕兽器让猎物中招。要想制作一个好的捕兽器，需要有很强的发明能力，并对野兽的性格和习性有准确的认知。不仅要会制作捕兽器，还要知道将捕兽器放置在什么位置比较合理。一个没有能力的猎人即使用了捕兽器，也抓不到猎物，而一个有经验的猎人所设置的捕兽器，总能抓到很多猎物。

钢制的捕兽器用不着自己设计制作，直接去买现成的就行。但要想学会合理摆放它的位置，就不是件简单的事情了。

首先，我们应该知道放在什么地方。人们通常把捕兽器放在野兽的洞口旁边、野兽经常经过的道路上，以及许多野兽足迹会聚和交错的地方。

其次，我们应该知道如何准备和放置捕兽器。如果想捕捉非常机警的兽类，比如黑貂、猞猁等，就得先将捕兽器放在针叶汤水里煮，等到放置时，先用小木铲铲掉地上的一层积雪，然后戴手套把捕兽器放在铲掉雪的地面上，最后再用雪把它覆盖，用木铲把表面弄平。如果没有这样周密的准备，嗅觉灵敏的野兽就能闻出人的气味，甚至隔着雪闻到钢铁的气味。

如果想捕获身材高大强壮的兽类，就要将捕兽器和一段沉重的原木拴在一起，免得它被野兽拖得太远。

如果往捕兽器里夹放诱饵，需要知道每种野兽喜欢吃什么，有的需要放老鼠，有的需要放肉，还有的则需要放干鱼。

生擒小野兽

像白鼬、伶鼬、黄鼠狼、水貂等小野兽，猎人们制作了很多新奇巧妙的器具来生擒它们，这些器具都很简单，每个人都能做。

这些设备都基于一个原理：让野兽进得去，出不来。

用一个长长的小匣子，或是一段木筒，在每一头开一个入口，然后在入口上方拴一扇由粗金属丝做成的小门，并且这些金属丝的长度要比入口稍长些，最后把小门儿斜着立在入口处，这样就做成了。

箱内放上诱饵。小野兽闻到诱饵的香味，透过那金属丝做成的小门看见诱饵。于是它会用头把小门拱开，然后从下面爬进去。小门迅速在它身后关上了，而想从门里面把门打开是不可能的事情。于是被捕获的小野兽只好被困在里面，直到你把它抓出来为止。

在这种木箱里，我们可以再装一块“假地板”，把诱饵挂在木箱没有入口的那一侧的顶板上。然后还需要把入口开得窄一些，在入口处从内部装一个活闩。

“假地板”支在一根横轴上，可以自由转动，一旦小兽走过“假地板”的中线位置，它身下的这半边地板就会降下去，而靠近入口的那一半却翘起来并触动活闩，于是捕兽器的出口就被死死关住了。

更简单的办法是拿一个高一点儿的小桶或是上面开口的完好无损的大桶，在桶壁的正中处钻两个相对着的小洞，穿上一条长铁杆。铁杆两端固定在两根小柱子上，两根小柱子之间需要挖一个坑，坑的深度要足够有半个桶的高度。

我们要把圆桶在铁杆上平衡放置，把桶倾斜过来，使桶口的边缘（入口处）放在坑边上，桶的后半截（桶底）在坑上吊着。

诱饵要放在桶底。

一旦小兽爬到了桶的中间位置，桶就翻过来了，变成底朝天，小兽无论怎么做也无法沿着那圆圆的桶壁爬出了。

在冬季的严寒天气里，完全可以做一个冰阱来捕捉猎物，这是由乌拉尔的猎人们发明的。

先将满满的一大桶水放在寒冷的户外。桶面、桶壁和桶底的水，比桶中的水冻结速度快。等这些地方的冰冻结得有两个手指头厚的时候，在桶顶的冰面上凿一个大小可以让白鼬钻入的圆洞。通过这个圆洞，把还没有冻成冰的水倒出去，再把桶搬回屋子里。在温暖的屋子里，贴近桶壁和桶底的冰渐渐开始融化。这时我们轻松就能从铁桶里拔出一个“冰桶”来，这只桶四周都封闭得严严实实，只在顶部有个小洞。这就是冰阱。

我们往“冰桶”里面扔一点干草或麦秸，再放一只活老鼠。然后把它埋在白鼬或伶鼬足迹集中地带的雪堆里，使它的顶部与积雪的雪面一样高。

小野兽闻到老鼠的气味后，马上就从那个小洞钻进冰桶里。只要它钻进去，就别想沿着光滑的冰壁爬出来，而且冰壁那么厚，是怎么也咬不穿的。

我们只要把“冰桶”打碎，就能取出小野兽了。反正这个捕兽器一钱不值，想做几个就可以做几个。

狼坑

捕狼的时候可以设置狼坑。

先在狼经常出没的小道上挖出一个椭圆形的深坑，坑壁要陡峭。这个坑的大小要能容得下一只狼，但又不能让它有助跑起跳的空间。在陷阱上需要铺上细木杆，再撒上一些细枝条、苔藓和麦秸，最后再用白雪覆盖。把所有人为的痕迹都掩盖掉，让野兽看不出哪里有陷阱。

夜里，狼群从小路上走过，走在最前面的那匹狼就会掉到陷阱里。

第二天早上，猎人们就能活捉它了。

狼圈

猎人们还会做狼圈。

先把木桩打进土里围成一圈，然后再在这圈木桩外再打一圈木桩。两圈木桩之间的空隙正好能容得下一匹狼。

在外圈安装一扇只能往里开的篱笆门。在内圈放一头小猪，一只山羊或绵羊。

当狼闻到猎物的气味后，就会一只跟着一只从外圈篱笆门里进入，在两圈木桩之间的狭小空隙里转圈圈。绕了一整圈之后，进来的第一只狼就会走到入口的那扇门前。这扇门妨碍它继续前进了，而它又没法向后转，所以只好用头去顶门，这样门就关上了，所有狼都被圈在里面了！

就这样，它们围着被隔离的羊无休止地走下去，直到猎人们把它们抓住。家畜依旧完好无损，狼却饿着肚子被捕获了。

地面机关

冬季很难挖深坑，地面冻得像石头一样坚硬。于是人们就做了个地面机关来代替一般的捕狼坑。猎人们先把四根柱子立在一块地的四角上，然后用木桩围出一道栅栏，再把第五根柱子立在这块“地面陷阱”的中央，这根柱子要比周围的栅栏高，柱子上吊着一块肉作诱饵。

把一块木板放在木桩做的栅栏上。

木板的一头着地，另一头悬在空中，靠近诱饵。

狼一闻到肉味，就会沿着木板往上爬。当狼爬到一定高度的时候，在它身体的重压下，木板悬空的一头就会往下落，于是狼就倒栽在围栏里了。

熊洞旁的又一事件

塞索伊·塞索伊奇踏上滑雪板在一个长满了苔藓的沼泽地上滑行。此时正值二月底，沼泽地上积雪很厚。

在这片沼泽地之上，有一片片孤林。塞索伊·塞索伊奇的一条北极犬佐尔卡奔向其中一片丛林，钻到树木后面就不见了。突然，那片丛林里传来佐尔卡的叫声，那叫声是那么凶，那么急。塞索伊·塞索伊奇马上明白了：猎狗遇到了熊。

这小个子猎人立刻兴奋起来，带着一管能发五颗子弹的好枪，急忙朝着狗叫的方向赶去。

只见佐尔卡对着地上一堆被暴风雪刮倒的落满了积雪的树木狂吠。塞索伊·塞索伊奇挑选了一个合适的位置，匆匆忙忙从脚下脱去滑雪板，踩实脚下的积雪，准备开枪。

很快，从雪下出现了一个宽脑门的黑色大脑袋，两只眼睛闪着深绿色的光芒，像捕熊人说的那样，这是熊在和人打招呼呢！

塞索伊·塞索伊奇知道，熊在看了敌人一眼之后会马上躲回洞中，在洞里躲一会儿，然后突然跳出来。所以猎人得选择在熊还没把头缩回洞里之前开枪。

但是由于射击得太匆忙，瞄得不够准，那粒子弹仅仅擦伤了熊的脸颊。

野兽跳了出来，直扑向塞索伊·塞索伊奇。

然而庆幸的是，第二枪击中了要害，把野兽打倒在地。

佐尔卡迫不及待地冲过去撕咬着熊的尸体。

当熊向塞索伊·塞索伊奇扑过来的时候，他没顾得上害怕。可是当危险过后，这个坚定的小个子猎人却觉得浑身瘫软，眼前一片模糊，耳朵里嗡嗡作响。他深深地吸了一口冰冷的空气，仿佛想从沉重的思考中清醒过来。此时，他才真正意识到自己刚才经历了多么可怕的一幕。

任何人，即使是世界上最勇敢的人，在面对面碰上一个硕大而凶猛的野兽后，都会感觉到后怕的。突然，佐尔卡从那头熊的尸体旁跳开，又朝着另一个树堆狂吠起来。

塞索伊·塞索伊奇朝着那个方向一看，惊呆了：那里探出了第二个熊脑袋。

小个子猎人立刻举起猎枪，迅速瞄准，但瞄得更仔细。

这次，他成功地一枪打死了那头野兽，野兽倒在了树堆边。

但就在这时，第三个宽脑门的棕色熊脑袋从第一只熊跳出的那个熊洞里冒了出来；接着，第四头熊出现了。

塞索伊·塞索伊奇吓得惊慌失措，恐惧席卷了全身。好像这片树林里所有的熊，都聚集到这个树堆下面，一起爬出来向他发起了进攻。

他来不及瞄准就开了一枪，接着又开了一枪，然后把打光子弹的枪扔在雪地里。他发现，在他第一枪射出去后，那个棕色的熊脑袋就不见了；而第二枪却不幸地打中了佐尔卡，佐尔卡一枪毙命，倒在雪地里。

这时他双腿发软，不由自主地向前迈了三四步，塞索伊·塞索伊奇绊倒在被他打死的第一头熊的尸体上，失去了知觉。

也不知道他这样昏迷了多久。只是苏醒的过程是可怕的：他觉得好像有什么东西在钳他的鼻子，钳得很疼。他想去捂鼻子，但手却摸到一团热乎乎、毛蓬蓬的东西。他睁开眼睛，一双深绿色的熊眼睛正盯着他看呢。

塞索伊·塞索伊奇失声大叫起来，猛地一拉，把鼻子从熊的嘴巴里拽出来。

他像一个傻子似的跳起身来，拔腿就跑，但立刻跌入齐腰深的雪里，陷了进去。

他回头一看才弄明白：刚刚咬他鼻子的是一头小熊仔。

过了好半天，塞索伊·塞索伊奇才平静下来，总算弄清楚了自己身上发生了什么。

最先两枪他打死了熊妈妈。接着从树堆的另一头跳出来一只三岁大的小熊。

小熊年纪还小，是头公熊。夏天的时候它帮助熊妈妈照料自己的弟弟、妹妹；冬天的时候就在离他们不远的另外一个洞里居住。

在那一堆被暴风雪刮倒了的树堆下有两个熊洞。一个洞里睡着三岁大的熊大哥；另一个洞里睡着熊妈妈和它两个一岁大的熊仔子。

惊慌失措的猎人误把这些小熊当成大熊了。

跟着大哥哥从洞里爬出的两个一岁大的熊仔子，体重差不多跟十二岁的小孩一样重，但已经长出了大大的脑门，以致猎人在惊慌中也把它们当成是大熊了。

当猎人昏倒在地时，熊家庭中唯一存活下来的小熊仔走到了妈妈身边。它开始拱死去的熊妈妈的胸脯想吃奶，但却碰到了塞索伊·塞索伊奇温暖的鼻子，它把塞索伊·塞索伊奇的鼻子当成妈妈的乳头了，于是含在嘴里吸吮了起来。

塞苏伊奇把佐尔卡埋在那片树林里，把熊仔子带回了家。

那只小熊仔又好玩又温顺，非常依恋这个因失去佐尔卡而孤身一人的小个子猎人。

最后时刻的紧急电报

城里出现了候鸟的先遣部队——白嘴鸦，冬天结束了，森林里新的一年又到来了，现在请你从第一期开始重新阅读《森林报》。

吉特·维里卡诺夫的故事答案

在篝火旁

关于加拉加兹鸭说得一半对一半错。那里确实有这么大的野鸭——克里米亚人把蠓鸝叫做“加拉加兹”，它在狐狸的洞里孵化小鸭。至于它把这些猛兽杀死吃掉，那是胡说八道！耶夫赛义爷爷最先看到的是狼吃剩的残渣。狼在狐狸洞口追上狐狸，就把它撕碎吃了，而老人却认为是鸭子吃了它。判断正确得 1 分。

而伊凡爷爷丝毫没有添油加醋，一切都如他所说的那样。这个叫维坚卡的男孩一枪把我们这里最小的鸟——戴菊鸟吓晕了。砰的一枪，它就昏死过去了，但醒来后又高兴起来。答对了得 2 分。

这件事常常发生在熊的身上。就是人这样突然受惊也是很有害的。可不能这样吓人，不然心脏会像野兽一样破裂的。知道的得 2 分。

白山鹑这一情况确实让人想到闵希豪生男爵：他用枪的铜条当子弹向山鹑开了一枪，结果几乎打死了十只鸟。但是您想想，一窝山鹑紧紧地挨在一起，而且伊凡爷爷打的是霰弹，霰弹枪里一次能装一百多颗子弹，所以它一枪打死那么多鸟也没有什么可奇怪的。这是完全有可能发生的。知道这一点的得 2 分。

苍鹰身上发生的事情是真实的。枪打中了苍鹰的背部，但当它被打死掉了下来之后，伊凡爷爷会发现自己不但得到猛禽，还得到了它的猎物。这一点可得 2 分。

少校打野鸡却打到丛林野猫这件事也不奇怪。你得看清你是往哪儿开的枪，要不打死人也有可能。判断正确的人得 2 分。

伊凡爷爷的追兽犬的事情也是千真万确的。道理非常简单：猎狗在追踪野兽的时候就是有眼睛也看不见——它们是用鼻子去找痕迹。老猎犬失去了视力，但是完好地保存自己出色的嗅觉。它凭借嗅觉知道前方是什么，所以不会撞到树和树桩，它可以凭借嗅觉追踪兔子。知道这点的得 2 分。

追踪犬能对写着野兽名称的纸张来伺伏，对此没什么可解释的——完全是谎言，竟然说狗能识字。判断对的人得 2 分。

最后，伊凡爷爷正好在自己也没想到的地方犯了错误，亲爱的读者，你们也许在这点上也拿不到分数。

伊凡爷爷说叮人的蚊子是“男士”，可是你们知道吗？它们并不是“男士”，而是“女士”。

吸血的只是雌蚊，如果它们不吸足够的血就无法产卵。

而雄蚊谁也不碰，它们只喝花的汁液。知道这个的得 2 分。

这是其一。其二，伊凡爷爷说：“苍蝇知道自己剩下的日子不多了，所以变得很坏，比蚊子咬得还要凶。”

很多人都认为苍蝇在死之前开始叮人，但事实上这完全是指另一种苍蝇。那些普通的家蝇，全身黑色的，不叮人；而那些灰色的，吸针笔直的苍蝇是叮人的。只要稍微留意下，就会立刻分辨出。知道这个的也能得 2 分。

米舒克的惊险奇遇记

在这个故事中，亲爱的读者，你们会赢得很多分数。大家都知道，新年故事并不一定需要很多真实的东西，只要能抓得住人心并能有个好的结局就行了。

故事是从最简单的错误开始的：母熊在熊洞里，只在一月底二月初的时候才生熊宝宝。米舒克怎么会在新年到来前就三个月大了呢？显然，这个故事的作者虚构了自己的故事主人公——一头三个月大的小熊仔。能识破这一点的得 2 分。

第二，米舒克当然可以在树林里遇到松鼠，但松鼠在冬天的时候难道是棕色的吗？所有人都知道松鼠冬天的时候是灰色的。知道这个的也得 2 分。

第三，难道刺猬在冬季还在林子里乱跑？不是的，它在树根中间的自己的草窝里睡大觉。看出这个的得 2 分。

第四，米舒克扒开了雪，在下面的地面上有鲜花和浆果。这是正确的。我们这儿的雪地里有很多常绿植物，甚至还有鲜花，整个冬天都保存着一些浆果：红梅苔子，越橘，直到春天来临。知道这一点的得 2 分。

第五，米舒克掉进一个坑里，那里有过冬的蛇、青蛙和癞蛤蟆。其一，这些爬行动物和水陆两栖动物从来不会聚集在一起过冬；其二，它们在冬天都冻僵了，既不会发出咝咝声，也不会呱呱叫。看出破绽的加 2 分。

第六，田鼠住在被积雪覆盖的灌木丛的窝里，甚至还有小崽子在冬天出生，这是正确的。如果您不相信，可以读读 A. H. 弗尔莫卓夫教授的作品《雪被》。我自己之前也不知道这个，知道这个的得 2 分。

第七，熊在黑夜里，面对面撞上却互相不认识是不可能发生的事情。它们相互间并不是靠眼睛识别，而是靠鼻子。请回忆一下《森林报》第七期中《在篝火旁》这个故事，伊凡爷爷的那条盲犬，它不仅能用鼻子感觉到兔子往哪儿逃跑了，甚至还能感觉到自己前方道路上的树木和树墩。回答正确得 2 分。

第八，轰隆！轰隆！雪天乌云里有闪电？当然是错误的！回答正确的得 2 分。

第九，为什么在故事的开头说来自村子里的任何声音，甚至无线电广播都无法传到这里，但是又突然传来莫斯科鼓声？那里离森林那么远。谁也没有发现这一点，这表明他没有专心阅读或者听这个故事。发现的得 2 分。

第十，冬季在沼泽地里不会有鹤唳声，云雀也不会在空中唱歌。原因很简单，它们并不在我们这里，它们是候鸟，冬天的时候回到遥远的南方过冬。回答正确得 2 分。

至于米舒克和熊妈妈重新爬回被破坏的熊洞，母熊又开始吮吸自己的脚爪，在当代，只有最无知的人相信熊在熊洞里靠吮吸自己的脚爪来汲取营养的故事。他们不知道，躺在熊洞里的熊的脚爪是湿润的，因为它们把脚爪放在自己的鼻子前，在睡眠中对着它哈气。不值得对这样胡说的小事情打分。

吉特·维里卡诺夫（真名：迪特·马雷什金）